科学新悦读文丛

最強の暗記術

[日] **本山胜宽** ◎著　付思聪 ◎译

想记就记
助力高效学习的超强记忆术

人民邮电出版社
北京

图书在版编目（CIP）数据

想记就记：助力高效学习的超强记忆术 / （日）本山胜宽著；付思聪译. -- 北京：人民邮电出版社，2020.5（2022.8重印）

（科学新悦读文丛）

ISBN 978-7-115-53156-8

Ⅰ．①想… Ⅱ．①本… ②付… Ⅲ．①记忆术－通俗读物 Ⅳ．①B842.3-49

中国版本图书馆CIP数据核字（2019）第288176号

版 权 声 明

◆ 著　　　［日］本山胜宽
　　译　　　付思聪
　　责任编辑　李　宁
　　责任印制　陈　犇

◆ 人民邮电出版社出版发行　　北京市丰台区成寿寺路 11 号
　　邮编　100164　　电子邮件　315@ptpress.com.cn
　　网址　http://www.ptpress.com.cn
　　北京虎彩文化传播有限公司印刷

◆ 开本：880×1230　1/32
　　印张：5.875　　　　　　2020 年 5 月第 1 版
　　字数：106 千字　　　　2022 年 8 月北京第 3 次印刷
　　著作权合同登记号　图字：01-2019-5169 号

定价：45.00 元

读者服务热线：(010)81055410　印装质量热线：(010)81055316
反盗版热线：(010)81055315
广告经营许可证：京东市监广登字 20170147 号

内容提要

在信息技术蓬勃发展的今天，很多人觉得记忆已不再重要，我们只需打开手机，在输入框中输入合适的关键词，就能获取自己想知道的知识。但事实真的是这样吗？在诸如升学考试、资格认证考试等短时间内很难取消的考试中，记忆依旧非常重要。

本书作者以自己考上东京大学本科与哈佛大学研究生的经历和经验，为大家提供了诸多切实可行的记忆方法。全书共分 3 个部分，第 1 部分介绍能帮助你通过考试的"记忆 1.0"输入型记忆术，第 2 部分介绍能帮助你在工作中大放异彩的"记忆 2.0"输出型记忆术，最后一部分是结合"记忆 1.0"与"记忆 2.0"，让你实现梦想的"记忆 3.0"超长期记忆术。

本书适合想要增强记忆力以通过考试、取得资格证书，或进行一次让人印象深刻的自我介绍或演讲等的读者。本书提供了很多行之有效的记忆方法。

助你通过所有考试、对你今后工作也有帮助的"超强记忆术"

我没上过补习班，也没去过语言培训学校，我毕业于东京大学和哈佛大学，同时还掌握了英语和韩语。如果你看了我的经历，可能会觉得我这个人十分擅长记忆。其实，我真不是一个擅长记忆的人，甚至还很讨厌记东西。

上学的时候，我不太喜欢需要死记硬背的文科，我喜欢数学，喜欢通过思考来解决问题，所以选择了理科。

可是后来我想去东京大学读书，想去哈佛大学学习，为了实现这个目标，我遇到了很多必须要死记硬背的情况。比如说，考试中无论如何都要考查的科目——古典文学、世界史和英语，这些学科都需要进行大量的记忆。备考时，我思考如何才能更有效地完成那些令人讨厌的记忆任务，让记忆能持续下去。经过反复试验和无数次的失败，我最终创造出了"超强记忆术"。

不只是那些有特殊才华的人才能实践这门记忆术，那些不擅长记忆、讨厌记忆的人也可以试一试。只要亲身实践，无论什么东西都能熟记下来，可以说这是一门速成记忆法。实践这门记忆术，即使最普通最平凡的人也能成功考入高等学校，熟练掌握外语，拥有顺利通过其他所有考试的能力。

✏️ 记忆并非只针对考试,它会成为你的"终身武器"

我在备考东京大学和哈佛大学时创造的记忆术也适用于一些工作场合,它是一种让人在工作中也能取得成果的好方法。

在工作场合中,大多数情况下人们都是在输出。记忆术并不仅限于储存知识时的输入,在传递知识、思考方案等输出知识的活动中也十分有效。随着时代的变迁,输出型记忆术的重要性也应该有所提高。

记忆绝非一时所需的应试技能,它是通用于人的整个一生、适用于各种场合的终身技能。如果我们能在整个人生旅途中长期实践、持续运用这一技能,那我们就能获得达成目标、实现梦想的强大力量。

实践"超强记忆术"

与"超强记忆术"邂逅之前:买了一堆教材,只是为了应付眼前的考试,昏天暗地地拼命学习……

与"超强记忆术"邂逅之后:买最少的教材,高效、快乐地学习,一点一滴增强实力,通过所有考试!

与"超强记忆术"邂逅之前:明明已经记住了,但过了一个月,记忆荡然无存……

与"超强记忆术"邂逅之后:知识点全部储存在脑海中,已经牢牢掌握,实现了长期记忆!

> 与"超强记忆术"邂逅之前：看了书也记不住，不能将知识灵活运用到工作和日常生活中……
>
> ↓
>
> 与"超强记忆术"邂逅之后：能够将书本中的信息转化成自己的"万能抽屉"，从工作到生活，随取随用！

"超强记忆术"能帮你获得终身记忆力，助你实现目标、成就梦想！

✏ 在今后的时代中,记忆力不可或缺的理由

人类的发展伴随着记忆的进化。想必很多人对"世界四大文明"这个概念还留有印象吧。还有印象也是自然，毕竟这是（日本）中学社会课上学习过的概念。世界四大文明指的是从世界上的 4 个地区发展起来的文明，即两河流域文明、尼罗河文明、印度河文明以及黄河文明。据说，世界四大文明中的每一个文明都发祥于各自地区的大河沿岸，人们在水资源丰富、土地肥沃的环境中发展农耕以及畜牧业。除此之外，文明还有另外一个重要因素，即使用文字。

在追溯人类的历史时，文字的发明是一个非常重要的转折点。在那之前，人们都是依靠大脑的记忆来积累和传递一生中所习得的知识与技能。好不容易获取的知识必须记在脑子里，要不然就白费了。文字的发明让人们可以将知识和消息记录下来，从此人们便拥有了能够完善个人记忆的存储技能，此外还获得了除口头

传达以外的信息传递手段。

如此一来，人们便可以积极获取新的知识，并集中记忆那些优先级较高的信息了。在记忆的时候再也不用麻烦其他人，直接从文字中就可以获取需要记忆的信息。在这之后，以村落为单位的共同体急速走向文明，文字的发明便是时代变迁的巨大转折点，人类史也由"史前时代"走向了"历史时代"。

回过头再来看看当今时代。虽然人们使用的文字几经变迁，但是使用文字这一手段未曾有过改变。要说最大的变化，也就是接下来的这点了：如今，刻印文字的媒介不仅仅是黏土板材或纸张，已经扩大到了电子媒介；同时，伴随着电子媒介的发展，使用文字进行信息检索的功能也得到了质的飞跃。从此，人们可以随时随地对自己所需要的信息进行检索。有人预测，在今后的时代，人们必须记忆的"量"会显著减少。

此外，由于人工智能的发展，人类社会已经进入一个全新的时代。人们无须自己进行检索，人工智能就可以准确地发现信息，发出动作指令并进行处理。那么，这是否意味着记忆再无必要了呢？事实绝非如此。

原因之一在于，时代变迁是一个极其缓慢的过程。**社会上所有被称为考试的考核手段基本上都不能使用检索功能，旨在考查人的记忆能力。人们预测，在短时间内考试是不会被取消的。**

对于外语学习来说，自动笔译和自动口译技术已经得到了快速发展，但是还没有像哆啦A梦的"记忆面包"一样万能。在未来一段时间内，我们还是需要通过背诵来学习外语，以具备瞬时口译和笔译的能力。这里所要求的是传统意义上的记忆力，大致包括将社会外部的信息输入自己头脑中的所有操作。对于这一部分内容的记忆技巧，我整理到了"记忆 1.0"的章节中。

此外，记忆之所以必要、之所以应该持续下去，还有另外一个至关重要的理由。**随着技术的创新，虽然必须记忆的"量"有所减少，但记忆的"质"将会经受前所未有的严峻考验。**正是因为当今时代任何人都可以轻松地进行检索，所以如何有效利用记忆力，如何进行信息输出，如何更有效地提高工作效率、知识水平和生活水平更受人关注。

那么我们应该把什么关键词装进自己的"万能抽屉"中，以充实自己的知识储备呢？通过整合自己获取的信息以及记忆中储存的其他信息，我们能够碰撞出怎样的知识火花呢？人们经常会问，除了考试，比如说在演讲、对话、商务谈判、面试、回答问题等需要记忆输出的情况下，我们应该如何提高记忆力呢？在这本书中，我对这些如何在工作场合以及其他各种场合中高效发挥输出效果的记忆方法进行了整理，并提出了"记忆 2.0"的新概念。

当今时代仍然需要传统意义上的"记忆 1.0"，不把记忆当回事的人想必还是会因为记忆这件事而"泪流满面"。然而，这个社会慢慢会淘汰那些只擅长传统意义上的记忆、只会在考试时取得高分的人才。过于相信传统意义上的记忆的人，想必也会因为过分看重记忆而"涕泗横流"。

我们必须在高效掌握"记忆 1.0"的基础上，继续学习将记忆成果战略输出的"记忆 2.0"，只有这样才能做到两者兼备。其实，发挥"记忆 2.0"的效果也是在提高"记忆 1.0"的价值。**从被迫记忆的痛苦中解放自己，为了实现远大理想和目标，让我们快乐**

地记忆吧。

在这本书的第 3 部分，我整理出了"记忆 3.0"。它搭配运用了"记忆 1.0"和"记忆 2.0"的记忆策略，可以帮助我们制订长久的策略去实现自己的梦想。

"记忆 1.0"
以学习信息的输入为核心

"记忆 2.0"
学习如何有策略地将输入的信息输出

"记忆 3.0"
为了实现梦想和目标而长期学习

从"记忆 1.0"到"记忆 2.0"，再到"记忆 3.0"，一步步闯关升级，请大家一定要实践一下这门可以帮助你实现梦想的"超强记忆术"。

目　录

超强记忆术

适用于所有考试以及任何工作的胜利诀窍

第1部分 "记忆1.0"
助你通过所有考试的地表超强记忆术

第 2 部分 "记忆2.0"

适用于所有商业场合的超强输出型记忆术

第3部分 "记忆3.0"
助你实现梦想的超强长期记忆术

第 1 部分　"记忆 1.0"

助你通过所有考试的
地表超强记忆术

在学习技巧之前，
"基础"超级重要

　　说起记忆能力，很多人的印象是它是由与生俱来的能力所决定的。其实，这种想法是完全错误的。记忆能力并非与生俱来、一成不变的，它是一种经过锻炼可以不断提升的能力。

　　此外，记忆也有窍门和要点。掌握了这种记忆术，你的记忆能力便能得到质的飞跃。在这里我要强调的是，记忆不能不管不顾，一上来就死记硬背，记忆也要讲究策略和计划。**"记什么、怎样记、按怎样的计划进行"实际上非常重要。**

　　在整个人生旅途中，我们经常置身于各式各样的信息网里。由于互联网的发展，信息量得到了莫大的扩充，我们没有办法将无穷无尽的信息全都印在自己的脑海里，实则也没有这个必要。**如何在必要的时候有效记忆必要的信息，并在实际输出时做到最大限度的活用？如何将信息整理并储存到长期记忆的抽屉中？这两种记忆策略经常被人问到。**

　　因此，如果你只是想笼统地提高记忆力、掌握记忆术是不行的，只有明确了为何记忆以及如何让记忆术发挥作用，才能在实践中达到提高记忆能力的效果。比如说，你想通过考试，想掌握一门语言，想提高营业成绩，想把报表做得得心应手等等，什么目标都可以。首先，你要做的就是明确你的目标。然后，请设定明确的记忆目标。**比如，3 个月内记住 1000 个英语单词，一星期内记住 10 分钟的演讲稿，等等。最好能够设定具体的目标以及完成日期。**

记忆的初始阶段需要一个强烈的想要记住的想法，将注意力集中到记忆对象上可以助你逐步提升记忆能力，事先明确记忆目标可以使记忆策略和计划更有效。你是想赶上明天的例会吗？你是想通过一周后的考试吗？你是为了通过下一年的语言学资格认证吗？记忆策略会随着记忆目标和期限的变化而发生改变。

记忆有具体的窍门和要点，在本书中我会逐一进行介绍。**但首先，成功记忆最重要的基础在于切实制订好记忆的策略和计划。**

✏ 一年内考上东京大学的策略和计划

我当年备考东京大学时，定下了"一年后成功考入东京大学"的明确目标，时间也很具体。为了考上东京大学，为了设定好目标、抓住时机，我反复精读并分析了成功考上东京大学的经验录，制订了适合自己的策略。比如，东京大学虽然要求在中心考试（相当于中国的高考）中取得高分，但又十分重视复试的分数。东京大学理学部的复试要考数学、理科（我考的是物理和化学）、英语和日语，其中数理英的占分比重较大。

当然了，我在备考时就比较重视这 3 门学科，投入了大量的时间。英语需要记忆大量单词和语法，我采取了每天短时间反复记忆的策略；而对于数学、物理、化学等学科，因为它们本身需要记忆的公式比较少，所以在初期阶段我就把公式集中记下来，之后再通过题海实战，达到熟练掌握的程度。

此外，只有中心考试会考查社会学科，我选择了世界史。因为我知道世界史在中心考试时全都是选择题，单纯靠记忆比较容易得高分，所以我采取了短期集中记忆的记忆术。具体做法是，截至中心考试的前一个月（12月底），除了学校上课和备考之外，我并没有怎么复习世界史。等进入寒假后，我开始集中复习世界史，练习中心考试的历年真题以及模拟题，加强记忆。复试的时候不考世界史，即使无法将短期记忆转化成长期记忆，也可以挺过中心考试。在这种判断下，我凭借10 ~ 14天的短期集中记忆，在满分100分的世界史考试中取得了98分的成绩。像世界史这种优先级别较低的科目并不需要花太长的记忆时间，所以即使是需要在一年里学习很多科目的备考中，也可以充分保证优先级别较高的科目的备考时间。

我的记忆策略之一就是，**配合目标来选择记忆的时机和方法**。

阅读此书的读者们，大家想要学习记忆术应该都有自己的目标吧？请大家进一步明确自己的目标。在此基础上阅读本书效果会更好，你的视野也会更加清晰。

 要点　　如果你有具体的目标，那么请设定目标的完成日期吧。你的记忆能力可以得到大幅度提升。

积累快乐的
"成功记忆体验"

记忆有许多具体的方法，将这些方法运用到实践中十分必要。但在此之前，记忆还需要一种十分重要的"姿态"，那就是你要坚信自己十分擅长记忆。**"不管要记忆什么，只要我想记住，我就能够记下来。"** 你是否怀有这种心情左右着你能否成功记忆。

如果你有一种"我很不擅长记忆，我真的不知道自己能不能记住"的不安心情，那么终将会因为坚持不下来而记忆失败。对记忆持有的自信可以转化为你坚持的动力，最终引领你走向成功记忆。那么，我们要怎么做才能拥有认为自己擅长记忆的自信呢？这需要你积累快乐的成功记忆体验。

即使不是学习，不管记忆什么，只要你有完全记忆下来的成功体验，你就可以对记忆保持这样一种印象——只要我去做，我就能成功。正因为成功记忆了 A 和 B，所以即使是面对事先完全未知的 C，我们也可以保持一种**"只要认真，我就可以记住"**的心情，这实际上是非常重要的。

只要是自己喜欢的事物，我们就会发挥出惊人的记忆能力。比如说，喜爱的球队球员的名字，人物形象的名字，歌曲的歌词，等等。

小时候，我疯狂热爱职业棒球队里的中日龙队，别说球员的名字了，就连打击率、本垒打、击球得分等数据，在详细查阅相关资料后都自然而然地印到了我的脑子里。再如歌手，我很喜欢 The Blue Hearts 乐队 [1]，不仅记下了他们所有歌曲的歌词，而且能够演唱。

我不喜欢在学习上死记硬背，也不觉得自己擅长记忆，但是考大学的时候，我开发并确立了自己的学习方法。现在想想，那个时候真的就像刚才所说的那样，我成功做到了快乐记忆。

只要有了这样的成功体验，给我们留下"只要我去记忆，我就能够记住"的印象，我们就会对记忆心怀期待。

只要是自己喜欢的东西、享受的东西就行，坚持记忆到底，

---

[1] 日本的一支朋克摇滚乐队。

直至熟记。只有积累了这种成功体验，你才会产生"只要我想记忆，我就能够记住"的感觉。

很多人把自己的兴趣和学习完全分离开来，从对学习持有厌恶的印象，到形成一种自己不擅长记忆的固有观念。我们需要做的是摒弃这种固有观念，保持自信，保持"我超级擅长记忆"的心态。

为此，我们可以先从自己喜欢的事物、擅长的事情入手，如喜爱的歌手、艺人、食物、运动、电影、漫画，什么都可以，多多积累快乐记忆的成功体验。试着去记忆吧，忘我沉醉，不顾一切地坚持到底吧！

如果你已经拥有了这种成功体验，那就拿出自信，告诉自己"我擅长记忆"吧！

要点 记忆自己感兴趣的事物，积累成功的体验。怀揣自信，勇敢挑战记忆吧！

慢慢看1遍
不如快速重复7遍

记忆的诀窍在于一遍遍地重复。

在记忆这件事情上经常存在误区，人们往往记上一遍就想百分之百地记住，在第一遍记忆时就花费了太长的时间，导致后续没有办法也没有时间再去重复记忆。

人是有忘性的生物。基本上经过一段时间后，我们曾经记住的东西就会慢慢遗忘。如果拘泥于看上一遍就记住所有东西的想法，那么遗忘后你会变得低沉气馁，慢慢地也会失去信心。如果就此认定自己记性不好，你整个人就会变得不安，觉得再去记忆也还是会失败，最终完全放弃记忆这件事情。事实上，大多数人不继续学习的理由、无法记忆到最后的理由就在于此。

首先，我们应该从摒弃"必须一遍就记住所有内容""不能忘记"这样的固有观念做起。"遗忘也没有关系，因为后续还会重复记忆，所以哪怕忘记了，只要再去记忆，早晚也都会记住。"这种想法对持续记忆、坚持记忆直至完成记忆都极为重要。

✏ 转化为长期记忆的关键在于重复

记忆包括短期记忆和长期记忆。

人的大脑中有暂时保存信息的记忆系统，我们将保存在那里的记忆称为短期记忆，这些记忆过一段时间后就会被遗忘。大脑的其他区域还有另外的功能，大脑会根据某信息反复出现的频率来判断其是否为重要信息，如果是就将其转移至长期记忆中。大脑的这个特性决定了，即使你想通过一次记忆就完全记住所有信息，几周过后也会忘记；即使在短期记忆中保存了些许时日，这些记忆也不会留存于长期记忆中。相反，**即使一次记忆没能完全记牢，将该信息重复多次输入大脑，也更易于信息在长期记忆中扎根**。

通过研究我自己的经验和其他突破考试难关的人的记忆术，我发现，**快速、重复记忆 7 遍，对于将短期记忆转化为长期记忆以及巩固记忆最为有效**。

7 遍只是一个大概的数字，实际上有的时候记 5 遍就能将短期记忆转化为长期记忆，但有时候也许要记上 10 遍。无论如何，与其为了一次性完全记住，记上一遍就结束记忆，不如以"马上忘记也没事"的心态重复记忆差不多 7 遍。后者的做法更能使信息自然而然地储存在长期记忆中。

话虽如此，可能很多人觉得没有时间进行多次记忆，而且如此重复记忆太费事。请大家放心，**虽说是重复 7 遍，但是因为没必要一遍就完全记住，所以每一遍记忆都可以快速进行**。

此外，与第 1 遍相比，第 2 遍记忆所需的时间会有所缩短；与第 2 遍相比，第 3 遍记忆所需的时间会更短；第 6 遍、第 7 遍记忆只是在确认自己是否已经记牢，所以几乎不怎么花费时间。这样的话，我们就可以在精神上没有丝毫痛苦的情况下进行记忆了。

打个比方，如果整个背诵需要花费 9 天时间，那么具体的时间分配方式如下所示：给第 1 遍记忆 3 天时间，给第 2 遍记忆 2 天时间，给第 3 遍记忆 1 天时间，给第 4 遍和第 5 遍记忆各半天时间，在最后的 2 天时间里，给第 6 遍和第 7 遍记忆各一小段时间。

最初的第 1 遍和第 2 遍记忆虽然很花费时间，但是每次重复记忆时，所需要的时间会慢慢缩短。前文中我强调过记忆策略和计划的重要性，理由就在于此。如果能设定好明确的记忆目标和完成日期，那么接下来你只需制订时间分配的方式和重

复记忆 7 遍的计划就足够了。**如果你不是天才，那么记忆一次肯定记不住所有的东西。**但是，我们也完全没有必要去充当天才。即便是拥有极其普通的大脑的普通人，只要重复记忆 7 遍，就能将信息深深地印在脑海中。只要你能保持轻松的心态，忘记了就再去记忆，制订计划并重复记忆 7 遍，那么记忆任何东西都将不在话下。

要点 　记忆 1 遍就完全记住几乎是不可能的事情。记忆时，快速重复大约 7 遍最为有效！

读听写看，
充分活用各种感官

记忆的时候，一定要充分活用各种感官。用眼睛看，用嘴巴说，用耳朵听，用手写，一边回忆图像一边记忆，这样更容易让知识熟记于心。例如，与其只是用眼睛看单词本上的文字，倒不如出声读出这个单词，一边听自己的声音，一边在纸上反复书写，这种记忆方式更有利于记牢单词。

很多人都没有尝试过出声朗读，但无论是看文章还是背单词，发出声音都很重要。平时在学校、补习班的教室、周围有人的图书馆以及自习室等地方学习时，我们不能发出声音。人一旦习惯了这种环境，就可能形成一种固有观念——学习时要保持安静。但是，记忆是需要发出声音的，因为这样做既可以在自己动嘴时输出信息，又可以在用耳朵听时从听觉上输入信息，所以出声对记忆来说十分奏效。如果要背英语单词，那就把英语读音和单词的意思成对地读出来。备战大学升学考试期间，我十分注意出声朗读这件事情。为了能出声记忆，我甚至放弃了在开着空调、十分凉爽的图书馆学习的机会，选择在没有空调的家里学习。

此外，记忆时自己动手写一写，效果也会非常显著。尤其是在背单词的时候，一定要反复、来回地写。为了能够毫不犹豫地大量书写，背单词时一定要准备好笔记本或是大量背面还能写字的打印纸。在打印纸上，我们可以把每个单词写 1 ~ 2 行，重复写 5 ~ 7 遍。在动手书写对外输出的同时，我们还可以用眼睛去看自己写的东西，在视觉上对内输入也是要点之一。此外，在写的同时一定要大声读出来。

边写边背时需要注意两点：不要太注重字迹是否工整，不要写得太慢。要想把字写得漂亮，总归是要花费时间的。这个时候最重要的是多次重复，所以字迹潦草一些也没有关系，一定要重视书写的速度。

从视觉角度来说，如果把单词的插图也融入进来，一边回忆图像一边记忆，就更易于记牢单词了。即使单词本上没有插图，只是记忆时在脑海里想象单词的图像，最终的记忆效果也会有所不同。

背单词时，不要只是单纯机械地动动手，出声读一读的同

时还要在脑海中明确地用图像确认其意思，用这种方法进行记忆，效果会十分出众。

 要点　记忆时下意识地活用各种感官，可以显著提升记忆效果。

靠图像记忆——"漫画记忆术"和"画图记忆术"

在充分活用各种感官的过程中，将图像和记忆搭配起来的效果十分显著。读小学的时候，我非常喜欢日本的历史漫画丛书，一度翻来覆去地阅读。那套书读起来十分有意思，所以读了几遍后，即使我没有刻意地去记忆，也会自然而然地记住那些历史人物的名字以及什么时间发生了什么事件，等等。我一听到人物的名字，脑海中就会浮现出漫画中的人物形象，甚至连漫画人物的对话都记得一清二楚。那套漫画书让我在孩提时代就十分擅长日本史这门学科，其秘诀就在于我记忆时结合了漫画中的图像。因此，用视觉上感受到的图像来辅助记忆是非常有帮助的。

东京大学大约一半的学生都看过学习漫画书

日本 *President Family* 杂志在 2012 年 12 月刊的特辑中对184 名东京大学学生的父母进行了调查。调查结果显示，在同一年代的父母中，读过学习漫画书的比例为 23.8%，而在东京大学学生中的比例则为 46.7%，后者大约是前者的两倍。

据推测，东京大学学生中有相当大比例的人充分活用了学习漫画书，通过阅读漫画达到了记忆的效果。我十分推荐通过漫画学习的方式，还专门写了《让头脑变聪明！漫画学习法》这本书。漫画可以让学习非常高效，这是因为漫画让人对学习产生了最本质也是最重要的好奇心。与此同时，对学习漫画书不同的使用方法也会给记忆带来不同的帮助。

不仅限于前面提到的日本史和世界史，其实文学、艺术、政治、经济、会计、商务等所有领域的知识都可以通过漫画来学习。当你想要学习某一领域的知识时，可以先搜寻一下有没有相关的漫画书，用漫画来塑造记忆图像极其有效。

比如在日本史方面，如果你想要获取有关飞鸟时代后期或是《万叶集》的记忆图像，我推荐你读一读以持统天皇为主人公的《天上之虹》（作者：里中满智子）；如果你想获取从关原之战到幕府末期的江户时代的记忆图像，《风云儿们》（作者：浦源太郎）这本书再合适不过了。学校讲授的古典作品中频繁出现《源氏物语》一书，然而这部作品即使你再使劲儿阅读原文，也无法完全捕获它的具体图像，但如果你去读《源氏物语（漫画版）》（作者：大和和纪）这本书，则完全像看偶像剧一般令人享受。

如果你想学习法律，想要考取代书士[2]资格，首先你应该读一读《正义代书战士》（主编：青木雄二；文字：田岛隆；绘画：东风孝广），这样你就能捕获到最真实的图像了。通过阅

---

[2] 类似律师。

读那些运用法律来帮助客户解决各种困难的故事，你可以学习到内容证明、简易审判、公证证书等法律程序以及相关法律条文。

另外，背英语的时候我们也可以看英语漫画书。**通过阅读自己喜爱的漫画书的英译版本，你可以一边享受漫画，一边学习英语。**这是因为在那些漫画场景中，英语和图像可以一起融入脑海，所以我们更容易牢牢记住英语单词和句型。如果有特别想要记住的句型和单词，我们还可以把漫画书的那一页复印下来，整理归档或是贴在墙上。我把这种记忆方法称为"漫画记忆术"。

✏️ 靠画图进行记忆的"画图记忆术"

除了上述记忆方法外，还有一种通过自己动手画画来记忆的方法。如果你觉得寻找漫画作品很费事，而且也很难做到一门心思地总结单词再一口气全记住，那么可以自己动手画画，这样你就可以按照自己的节奏进行图像记忆了。在单词本或是笔记本上，把单词的图像简单地用图画表示出来。比如，你想要记忆"reconciliation"这个英语单词。这个单词的意思是"和解"，你可以在单词的旁边简单地画上两只手握在一起的图像。这样，比起单纯靠语言记忆，两手交握的图像更能深深铭刻在你的脑海里，所以更容易记忆。而且，**通过自己动手画画来进行对外输出本身也有助于记忆。**我称这种方法为"画图记忆术"。请大家一定要尝试一下"漫画记忆术"和"画图记忆术"。

 要点　　阅读学习漫画书或尝试自行画图，让我们轻松愉快地来记忆吧！

在网络上搜索图像并将其刻在脑海中——"图片检索式记忆术"

　　漫画记忆术和画图记忆术有一个共同之处，即通过图像进行记忆。话虽如此，但漫画记忆术还是会被一些因素所左右，比如现有的漫画作品中是否存在符合记忆目标的作品。另外，画图记忆术可能对于一些不擅长画画的人来说难度稍大。面对那些无法运用漫画记忆术和画图记忆术的受众，我推荐的是**"图片检索式记忆术"，即在网络上检索你想要记忆的单词的图片，把与单词匹配的图像刻在脑海中，以此来辅助记忆。**

　　比如，在网上检索一下前面提到的"reconciliation"（和解）这个英语单词，就会出现很多与该单词相匹配的图片，如将破碎成两瓣的心缝合在一起的图片、握手的图片、拥抱的图片，等等。"reconciliation"这个单词不仅会通过语言，还会通过图像给人们留下印象，让记忆更容易固定下来。

　　让我们再试试检索其他英语单词吧，比如"anguish"（痛苦、悲伤）。在网上检索图片，我们会看到很多抱头沉浸于悲痛之中的人的照片，整个浏览器的页面中呈现出一片阴暗的景象。一眼望去，我们就能感受到由图像所带来的黑暗、痛苦与悲伤。接下来，我们把这种感觉与"anguish"（痛苦、悲伤）联系起来，这个单词就容易记忆了。

图片检索式记忆术非常适用于记忆英语或其他外语，此外也可以应用到其他领域中，比如用来记忆历史。假设世界史中出现了"赫梯"一词。公元前16世纪左右，赫梯军队消灭了古巴比伦王国，后利用马、战车和铁器使国家繁盛起来。在网上检索赫梯的图片时，我们可以看到乘坐马车、头戴钢盔的士兵拉弓射箭、打倒敌人的岩画，以及乘坐马车、手持盾牌和长矛的士兵们的图片，还有标示出美索不达米亚地区势力分布图的地图，等等。仅凭文章中的文字，我们很难记住赫梯是具有怎样特征的民族、帝国，但如果能够结合图像进行记忆，我们对它的印象会更加深刻，也更易于记忆。

在我的学生时代，互联网还没有像现在这样发达，所以我很珍惜像《看得见的世界史》和《图解世界史》这样包含丰富的照片、地图等图像信息的参考书。

对于那些单纯靠语言无论如何也记不住的东西，我们可以把它们和图像联系起来，通过刺激想象力来巩固记忆。无论何时何地，我们都可以根据自己的记忆目标在网络上免费获取视觉参考书，这就是图片检索式记忆术。请大家拿出智能手机尝试一下吧。

要点 对于那些难背的英语单词、难记的术语，搭配图片一起记忆吧！这样做可以让记忆保持更久的时间。

从年代到难读汉字通通掌握——"谐音记忆术"

记忆方法多种多样，用谐音进行记忆也是方法之一。特别是在记数字的时候，运用谐音对记忆很有帮助。日本史和世界史中的年代就是最为典型的例子。"镰仓幕府建立**强盛国家** [3]（1192）""**歌唱吧** [4]（794），黄莺，平安京"这两个是常见的用谐音记忆年代的例子。除此之外，社会上还流传着相当多以日本史为题材的谐音口诀。比如，关于明治时代的历史有"**讨厌的内乱** [5]（1877），西南战争""**最早** [6]（1889）的明治宪法"，等等。

此外，当你想记住电话号码时，也可以用谐音进行记忆。比如，35784276 可以对应"未婚 - 搭讪 - 床单 - 新团队 [7]（35-

---

[3] 日语是"イイクニ"，是"1192"日语读音的谐音。公元 1192 年，日本镰仓幕府建立。

[4] 日语是"ナクヨ"，是"794"日语读音的谐音。公元 794 年，日本迁都至平安京（京都）。

[5] 日语是"イヤナナ"，是"1877"日语读音的谐音。公元 1877 年，日本西南战争爆发。

[6] 日语是"イチハヤク"，是"1889"日语读音的谐音。公元 1889 年，日本颁布首部宪法。

[7] 日语是"ミコン・ナンパ・シーツ・シンチーム"，是"35-78-42-76"日语读音的谐音。

78-42-76）"或"未婚 - 的 - 搬出 - 新团队 [8]（35-7-842-76）"这两个谐音候选选项。

近来，电话号码可以存储在手机的电话簿中，人们已经没有必要再去记忆电话号码了。但很多时候要往文件上填写自己的家庭电话以及手机号码，所以能记住的话更省事。此外，利用谐音记一些密码、会员号码等也很方便。在工作场合中，如果你能记住销售额、会员人数等数字，周围的人会对你刮目相看。

谐音记忆术也可以运用到数字以外的地方。比如，日语词汇"忧鬱 [9]"中的"鬱"字，可谓最难汉字的代表。很多人即使会读、会认，但也没有自信能够写出来。我们可以利用谐音来记住这个字——**忧郁的林肯（ワ）喝了三杯美国咖啡 [10]**。在两个"林"字之间放入一个"缶"字，就构成了"鬱"字的上半部分；在上半部分下面加上"ワ"字后，再画上一个"※"字符，让"コ"侧卧，在其下面写上"ヒ"，最后加上三撇就大功告成了。

---

[8] 日语是"ミコン・ナ・ハンシュツ・シンチーム"，是"35-7-842-76"日语读音的谐音。

[9] 汉语意为"忧郁"。

[10] 这句话中"林肯"的日语是"リンカーン"，其中"リン"的读音与日语汉字"林"字读音相同，"カーン"是日语汉字"缶"字读音的谐音。"忧郁的林肯（ワ）喝了三杯美国咖啡"这句话中的"ワ"，即日语原句中的助词"は"的片假名，"美国"一词在日语中可写作"米"，所以可以转换为"※"。此外，"咖啡"的日语为"コーヒー"，可以拆出"コ""ヒ"二字，同时"三杯"中的"三"可以转换为由三撇构成的汉字"彡"。所以，"鬱"字可以由上述提到的部分组合而成。

① リンカーン (林・缶) は(7)
③ アメリカン (米) ④ コーヒー (コ・ヒ)
を⑤ 三杯 飲んだ

　　如果你觉得某个汉字很难记住，或是某串数字太长，那就试着用用谐音，这样就可以愉快并高效地记下来了。

要点　试着用谐音愉快高效地记忆数字和汉字吧！

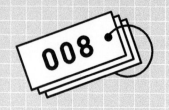

唱着歌，愉快记忆

与利用谐音进行记忆的方法相似，利用歌曲也可以进行记忆。只要是歌曲，无论是歌谣还是流行歌曲都朗朗上口。旋律很容易印在我们的脑海里，我们一旦记住就很难再忘记。只要是歌曲，即使在不擅长学习的人中，也会有很多人能够毫不费力地记住歌词并演唱。**这是因为当我们充分活用各种感官时，旋律很容易留在脑海里，歌词也容易让人哼唱出来。此外，我们还能通过图像来感知歌词的情景和歌曲的节奏。**所以，歌曲的这些特性可以应用到记忆术上。

搭配歌曲记忆的方法适用于大多数情况。比如，如果你想记忆日本历任首相的名字，那么请选取首相名字的首字母，配合《喂喂，小乌龟》这首歌，试着唱唱吧。

> （もしもしかめよ～　かめさんよ～♪）
>
> （喂，喂，小乌龟，小乌龟）
>
> いくやまいまい～　おやいかさ～♪
>
> 伊藤博文（第 1 次）·黑田清隆（第 1 次）·山县有朋（第 1 次）

松方正义（第1次）·伊藤博文（第2次）·松方正义
（第2次）

伊藤博文（第3次）·大隈重信（第1次）·山县有朋
（第2次）

伊藤博文（第4次）·桂太郎（第1次）·西园寺公望
（第1次）

（せかいのうちで～　おまえほど～♪）

（世界上没有比你）

かさかやおては～　たかやきか～♪

桂太郎（第2次）·西园寺公望（第2次）·桂太郎（第
3次）

山本权兵卫（第1次）·大隈重信（第2次）·寺内正
毅·原敬

高桥是清·加藤友三郎·山本权兵卫（第2次）·清
浦奎吾·加藤高明

（あゆみののろい～　ものはいない♪）

（走路更慢的了）

わかたなはわい～　さおひろは～♪

若槻礼次郎（第1次）·田中义一·滨口雄幸·若槻
礼次郎（第2次）

犬养毅·斋藤实·冈田启介·广田弘毅·林铣十郎

（どうしてそんなに　のろいのか♪）

（怎么会行走得那么慢呢？）

こ～ひ～あよこ　と～こすず♪

近卫文麿・平沼骐一郎・阿部信行・米内光政

近卫文麿（第 2 次・第 3 次）・东条英机・小矶国昭・

铃木贯太郎

　　上述名单就是从明治年间到太平洋战争结束期间日本历任首相的名字，括号中的次数为该人第几次担任首相。虽然歌词没有什么具体意义，但仅凭歌曲的节奏我们就可以记住全部内容[11]。

　　记忆上述内容不仅可以利用《喂喂，小乌龟》这首歌，还可以利用《阿尔卑斯一万尺》等曲目，选择自己熟悉的歌曲来

[11] 作者此处的意思是根据歌曲的旋律（这里是字数）重新填词，进行哼唱，所以上文保留了日语。

配合记忆就可以了。这种方法不局限于记忆历史知识，**当必须按照顺序记忆很多东西的时候，都可以选择配合歌曲来记忆。**比如古文助动词的活用方法，想必大家在记忆这些活用方法时很痛苦吧，它们也可以根据《喂喂，小乌龟》这首歌的节奏进行记忆。此外，歌曲还可以帮助我们从北到南依次记忆日本各县政府的所在地以及各个国家的名字和对应的首都的名字；在商务活动中，歌曲还可以帮助我们记忆众多客户的名字。

　　我们可以一边走路一边愉快地哼唱，所以对于反复记忆来说，和着歌曲、唱着记的记忆方法简直再理想不过了。

要点 在泡澡或散步的时候，一边哼着歌，一边跟着节奏记忆吧！

"30分钟记忆模块"，
将空闲时间变为记忆时间

在每一次记忆时，我们应该持续记忆多长时间？又该记住多少内容？当然，根据每个人情况的不同，相应的进度也会有所改变，但重要的是，我们要有一个大致的标准来掌握自己的记忆节奏。

一般来说，记忆这项工作做起来十分费劲儿，所以我们首先应该掌握自己能够集中精力、持续记忆的时间。在通常情况下，我们能够集中精力学习的时间大约为1小时。**真正开始记忆时，在很多情况下都会因为疲劳导致无法长时间保持精力集中，所以最好以30分钟为单位划分时间段。**我们可以把每次记忆的时间定为30分钟，这样也可以比较方便灵活地利用空闲时间，所以大家可以把30分钟作为自己记忆时的基本时间模块。

那么，一个人在30分钟内能够记住多少内容呢？在现实中，很多情况下我们需要记忆专业术语，这里还是以背英语单词为例。从结论上来说，**大致的标准是30分钟内记住20个单词。**

首先，在最开始用1分钟做一个小测试，检验20个单词的记忆情况。遮住单词的解释，只看英语单词本身，检查自己能否说出单词的意思。如果在 20 个单词中，哪一个都回答不出来，最终得分为 0 的话，你就要记忆所有这 20 个单词。记忆的方法有很多，请大家充分活用自己的各种感官来辅助记忆。记忆每个单词最多用时 1 分钟，所以 20 个单词的记忆工作应该在 20 分钟内完成。然后再用同样的方法，在 1 分钟内做一个小测试，检验自己是否记住了这 20 个单词。如果最终你的正确率为 80% 的话，也就是说剩下的 20% 即 4 个单词还没有记住，那么你需要重新记忆剩下的 4 个单词。之后再针对这 4 个单词进行记忆，时间标准是每个单词 30 秒到 1 分钟。记忆完毕后第 3 次进行 20 个单词的小测试。如果正确率是 100%，那就意味着你的记忆任务顺利完成。如果还有 1 个单词没有回答出来，那就再记忆一遍仅剩的那个单词，最后进行第 4 次小测试。重复上述操作，直到答对所有单词的意思，即正确率达到 100% 为止。以上述情况为例，我们经过 4 轮测试才最终取得 100 分。其中第 1 次小测试用时 1 分钟，记忆 20 个单词用时 20 分钟；第 2 次小测试用时 1 分钟，记忆 4 个单词用时 4 分钟；第 3 次小测试用时 1 分钟，记忆 1 个单词用时 1 分钟；第 4 次小测试用时 1 分钟。上述所有过程总计用时 29 分钟。

由于单词的难易度、记忆时注意力的集中程度、每个人的记忆能力都不甚相同，所以每个人每次的记忆节奏也不同。尽管如此，还是请将 30 分钟内记住 20 个单词作为记忆的大致标准。总而言之，我们要掌握好自己的记忆节奏，弄清自己能够集中精力的时间段和自己每次能够记忆的数量。要想达到记忆效果，我们一定要预先设定好某个时间段内的记忆目标，比如规定自己在多少分钟内记住多少个单词，并且确保自己能在那个时间段内完成记忆任务，达到记忆效果。

如果你掌握了自己的节奏，弄清了自己在 1 个记忆模块中的记忆量，那么通过计算自己 1 天内能够进行几个记忆模块、1 周内能够记住多少个单词，就能制订属于自己的记忆策略。**假设你 1 天内能利用 30 分钟记住 20 个单词，如果每天都进行记忆，1 周就能记住 140 个单词，1 个月就能记住 600 个单词，3 个月就能记住 1800 个单词。**1800 个的词汇量既达到了大学考试所要求的水平，也足以将个人的英语实力提高一个档次。

每天试着将一段空闲时间转化为记忆时间

无论是忙碌的商务人士，还是忙于社团活动或打工的学生，每天把 30 分钟的空闲时间转变为记忆时间并非难事。

比如，这 30 分钟可以是上班或上学路上乘坐地铁或公交的时间，早上从起床到准备出门的短暂时间，1 小时午休中的 30 分钟，回家后看电视时间里的 30 分钟，等等。在每天的日常生活中，无论是多么忙碌的人，都能从某处挤出 30 分钟的空闲时间。即使并非马上就要做大量的记忆，只要你确立了"30 分钟记忆模块"，一点一滴地坚持实践，最终就能取得很大的成果。

"千里之行，始于足下。" 1000 个单词的记忆量也是从每 30 分钟记忆 20 个单词开始的。请掌握好自己的记忆节奏，弄清自己在一段时间内能够完成的记忆量。

要点 活用"30 分钟记忆模块"，即使再忙，你也要有效使用空闲时间！

轻松记忆——
"边走边嘟囔式记忆术"

来回重复和记忆节奏是记忆的两大关键要素。记忆需要一种像体操和舞蹈一样将节奏渗透到身体中的感觉。从确保身体能够有节奏地运动和有足够的空闲时间这两点来看，我推荐的是"边走边嘟囔式记忆术"。如果你在走路时不在意周围人的目光，那你就可以一边走路一边有节奏地嘟囔你想要记忆的内容。**身体在有节奏地活动着，即使一遍遍重复相同的内容，也比坐在书桌前死记硬背轻松得多。**

✏ 走路的时间是黄金记忆时间

记忆的基本操作是不断重复。一般情况下，人们会对重复做相同的事情感到焦躁与压迫。走路这一动作虽然是手脚在不断以相同的速度重复运动，却不会让人感到烦躁。本节中提到的记忆方法就是将手脚的重复动作与记忆的重复动作相结合。

走路能够促进血液循环，同时促进大脑运动。一动不动地坐在书桌前容易犯困，而走路则会起到提神醒脑的作用。我想应该没有人能做到边走路边睡觉吧。适当地活动身体，促进大脑运动，即使重复做相同的事情也不容易感到压力，所以说走路的时间可谓黄金记忆时间。前面小节中介绍的唱歌记忆术也可以运用到这里来，我们可以边走路边哼小曲来进行记忆。唱歌和散步都能缓解压力，即使是痛苦的重复记忆工作也会变成有节奏的愉快行为。

对我来说，在记忆重要演讲的演讲稿时，我会以边走路边自言自语的方式进行记忆，详细内容我将在后面的章节中叙述。比如说英语演讲，甚至是一些需要用到母语的场合，例如在较短时间内做出决定的议案等，我都会事先将讲稿记下来。

在进行记忆时，出声念完一遍讲稿通常需要 5 ~ 10 分钟的时间，一边走路一边重复出声朗读不容易产生压力，也更容易集中精力。边走路边说话有利于血液循环，情绪也会高涨，让人能够保持积极的心态以达到记忆的效果。

我们可以利用上学或上班路上的时间进行记忆，在家时也可以一边在房间里走来走去，一边出声、有节奏地进行记忆。当你感到困了、倦了或是心情不舒畅的时候，请试着腾出时间一边走路一边嘟囔着记忆吧。走一走，读一读，你就不会再睡眼蒙眬了，心情也会变得大好，又能够集中精力进行记忆了。

要点　走路时放松的状态十分利于记忆。快来尝试一下吧。

011

在家里的各个角落
贴满便笺

并非只有坐在书桌前的时间才是可以用来记忆的时间，随身携带单词本以便于随时记忆的方法也很有效。另外，在自己经常待的地方贴上便笺，写满自己想要记住的东西，这也是一种行之有效的方法。

✏ 便笺是适合用来辅助记忆的便捷工具

比如，把写有单词的便笺贴在厕所墙上、冰箱门上、电视下方或是餐桌旁的墙壁上。我们每个人每天都要去好几趟厕所，而且至少有一趟会在厕所里待很久，所以在厕所的时候，眼睛自然而然地会看到那些想要记住的东西。此外，人们一天还会打开冰箱一两回甚至更多，所以打开冰箱时也能够捎带地进行记忆。像这样反复记忆，**大脑就会形成一种认识，把便笺上的单词默认为不能忘记的内容，使其更容易留存在记忆中，**这和我们绝对不会忘记日常生活中那些经常使用的东西是同样的道理。在家里贴上便笺，把自己想记住的东西写下来，直到你认为已经完全将其转化为长期记忆了，就可以撕下旧便笺，再贴上下一个便笺。在管理工作任务时，很多时候都会用到便笺，它的便利功能也可以应用到记忆上。比如说，你可以在便笺上写出自己会读但不认识的英语单词，也可以按照顺序把想要记忆的单词从单词本上抄下来，还可以给自己制订规则或布置单词小测验，把答错的单词写到便笺上。

另外，在学习外语时，我们还可以把写有单词的便笺贴在与其相对应的实物上。我在学习韩语的时候就尝试了这个方法。把"窗户""门""打开""关闭""桌子""椅子""书""铅笔"等单词写到便笺上，然后把它们贴到实物上，我就是运用这个方法来记忆单词的。**如果你的外语只是刚刚入门的水平，需要记忆大量有关日用品的单词，那么这个方法对你会很有帮助。**

当你觉得自己完全记下来了，与其把便笺撕下来马上扔掉，不如把它们贴到笔记本上积攒起来。我之所以这样建议，是因为人是很健忘的生物。过一段时间后再重新复习这些单词，反复记忆，这样它们才能够真正转化为长期记忆。贴满旧便笺的笔记本会成为我们自己的原创单词本，可以帮助我们保持长期记忆。这个单词本是自己努力奋斗的成果，从中我们可以感受到些许成就，它也能够激发我们继续记忆的斗志。

要点　　在眼睛能够看到的范围内贴满便笺吧！把撕下来的旧便笺积累到笔记本中。

012

随时随地轻松记忆——
"智能手机App记忆术"

　　我已经介绍了许多不使用电子产品的记忆方法，但最近也出现了许多使用电子产品进行记忆的方法，很是便捷。其中，最具代表性的是使用智能手机应用程序（App）进行记忆的方法。下面给大家介绍的是在日本非常火的用于记忆英语单词的App。相关App在市面上有很多类型，从收费的到免费的，还有下载免费但在增加使用功能或英语单词时会收取一定费用的。这里给大家介绍的是深受广大用户欢迎的英语单词App "mikan" [12]。

　　在下载并安装好App后，首先选择要记忆的英语单词，比如2500个托业（TOEIC，国际交流英语测评）单词或是500个中心考试单词。选择其中一项后，App会从第一级开始进行英语单词测试。英语单词会一个接一个地出现在手机屏幕上，同时附带单词的发音，用户需要从4个选项中选择出正确的单词意思。在用户做出选择后，答案正确与否会当场显示，接下来会显示下一个单词。每次测试包含10个单词。测试结束后，

---

[12] 此处介绍的是日本常用的背单词App，我国也有很多合适的App，如知米背单词、百词斩等，功能十分相似。

用户可以确认答题的详细结果，回答正确的单词会被自动划分到"已记住"单词表中，回答错误的单词则被排除在外。"已记住"单词表中的单词会被划分为几大类：瞬间作答的单词显示为"Excellent！"（完全记住了），稍稍隔了一段时间才作答的单词显示为"Great！"（基本记住了），花了很长时间才作答的单词显示为"Good！"（记不太清的单词），等等。这个 App 还有其他功能，比如点击单词会自动播放单词的发音。每次测试结束后，会直接进行下一组 10 个单词的测试，以此重复直到完成第 1 级测试中的 100 个单词，最后会显示出所有单词的合格率。在这个 App 中，整个记忆进展情况透明可视，能够激励用户进行下一次测试。

此外，该 App 还可以单独针对回答错误的单词进行测试，也可以改变单词顺序进行随机测试。点击"总复习"按钮，我们可以自行选择复习的内容，比如"完全记住的单词""基本记住的单词""记不太清的单词""不擅长的单词""昨天学过的单词"及"今天学过的单词"等。我在前面提到过，"基本记住的单词"是稍有间隔才作答的单词，"记不太清的单词"是花了很长时间才作答的单词，所以即使你第一次答对了，也可以复习一遍再重新进行测试，检查自己是否真的记住了这些单词，从而强化记忆。早上复习一遍"昨天学过的单词"，晚上睡觉前复习一遍"今天学过的单词"，这样能够帮助我们更好地巩固记忆。

使用智能手机 App 进行记忆的优点在于，只要稍有空闲就

能轻松学习，此外还能弱化学习的感觉，使用户可以做到毫无压力地学习。对于经常玩手机游戏的人来说，这种学习方式也有一些"闯关升级"的感觉，所以更能让人享受到其中的乐趣。

除了利用合适的手机 App 外，制作 Excel 电子表格也可以帮助记忆。在手机或电脑上看英语新闻时，你可以将不明白的单词做成表，制作出满足自己需求的原创单词本。不仅是英语单词，有其他想要记忆的内容时，我们也可以运用这个方法。

人们不能坚持记忆的理由往往有很多，其中最大的理由就是感觉自己不擅长学习、抽不出时间来学习。现如今，人们可以使用手机 App 轻松愉快地进行学习，这样既可以改变自己不擅长学习的印象，又可以将记忆融入符合当今时代趋势的生活习惯中。

要点　以"闯关升级"的感觉来使用手机 App 吧！哪怕觉得自己不擅长记忆，也能够轻松愉快地学习。

理解逻辑，强化记忆

在前面的小节中，我阐述了充分活用各种感官来反复记忆的有效性。除此之外，我们还可以从其他视角入手来巩固记忆——通过理解逻辑来记忆。**用逻辑来理解单词、汉字以及公式的构成，既能够帮助我们巩固记忆，也能够帮助我们在即将遗忘的时候重新拾起记忆。**

比如，"unprecedented"这个单词的意思是"史无前例的、前所未有的"。拆分这个单词的组成部分后，它就变成了"un-pre-cedent-ed"。"un-"是表示否定意义的前缀，比如unlike（不一样的、不相似的）、unnatural（不自然的）等单词的前缀"un"都是表示否定意义。"pre-"是表示"在……之前，预先"等意思的前缀，比如pretest（进行预备考试）、prepare（事前做好准备）等。"ced-"是"走，前进"的意思，与proceed（前进）等词同源。将"pre"和"ced"搭配起来组成precedent一词，意为"先例"。"ed"是接在名词末尾、将其转变为形容词的后缀。把所有部分连接起来，我们就会明白这是一个形容词，意为"史无前例的"。

再举一个例子。"bimonthly"的意思是"两个月一次的"，这个单词可以拆分为"bi-month-ly"。"month"这个单词是一个基础单词，很多人都认识，是"月"的意思。"bi-"是前缀，表示 2 个。"bike"（自行车、摩托车）和"bicycle"（自行车）表示的交通工具都有两个车轮，所以带有前缀"bi-"。相同前缀的还有"bilingual"（可以使用两种语言的）等词语。末尾的"-ly"是变副词或变形容词时的后缀。"monthly"是"每月"的意思，日语中有"マンスリー・レポート"（monthly report，月报）这个词。"weekly"（每周）也是相同的用法。把上边这些组成部分组合到一起，我们就可以从逻辑上进行理解，"bimonthly"这个单词的意思是"两个月一次的"。

✏ 这个方法对类似的例子也奏效

把词源和单词的组成部分拆分开来进行理解有些麻烦，但一旦在逻辑上理解清楚了，我们就能够很容易地将其保存在长期记忆中。**当出现类似的例子时，即使是不熟悉的单词，我们也能够类推其意思。**我们可以从网上查到相关词源和单词的构成，比如在搜索引擎上输入想要查询的单词或词源就能获得相关资料，大家可以查询确认一下。

拆分单词的构造，理解逻辑后再进行记忆，这种方法也可以运用到对汉字的记忆上。汉字大都是由偏旁、部首等组合而成的，我们最好能够理解它的意义和发音。比如，带有月字旁的汉字中其实分为"月字旁"和"月肉旁"这两个部首。"月肉旁"的部首是省略"肉"字后才变成"月"的，所以用在与身体有关的汉字中，如肝、肩、股、胃、背、胸、胎、胁、脉、脚、脑、腕、肾、肠、腹、腰、膜、肤、脏、脂、肪等。如果你想记住"肾脏"这两个汉字，就要意识到肾脏是身体的一部分，所以汉字中会出现"月"这个部首。"肾[13]（腎）"字和"臣"字的日语读音相似，"臣"字位于左上角的汉字还有"贤（賢）""坚（堅）"等，所以要意识到"臣"字和"又"字需要搭配到一起，这样就更容易记住这个汉字了。而"肾脏[14]"中的"脏（臟）"字，既有"月"，又有与之发音相似的"藏[15]（蔵）"字。

所以，与其胡乱瞎写来记忆，不如拆分汉字，一边理解一边记忆，这样更容易巩固记忆。

要点

从逻辑上进行理解，可以帮助我们把知识转化为长期记忆。尤其是在记忆那些较难的英语单词、汉字或是公式时，我们首先要做到理解！

---

[13] "肾"字在日语中写作"腎"。"贤"字在日语中写作"賢"。"坚"字在日语中写作"堅"。

[14] "脏"字在日语中写作"臟"。

[15] "藏"字在日语中写作"蔵"。

将小测试和模拟考试
列入考核计划

有实验结果表明，相较于往大脑中输入信息，在输出的过程中更容易将信息转化为长期记忆。《科学》杂志于 2008 年 2 月 15 日刊登了美国普渡大学卡皮克博士（Jeffrey D. Karpicke）的研究，其研究结果表明，**比起将信息反复输入大脑，反复输出更利于将信息储存在大脑中**。

在实验中，研究人员将华盛顿大学的学生分成 4 组，让他们记忆 40 个斯瓦希里语单词。4 组学生先通篇学习 40 个单词，之后在测试中检测全部的 40 个单词，第 1 组学生重复该操作，直到全部记住为止；第 2 组学生测试后只学习测试中答不出来的单词，每回测试中检测所有的 40 个单词；第 3 组学生也在测试后通篇学习 40 个单词，但在之后的测试中只检测刚才没记住的单词；第 4 组学生测试后只学习测试中答不出来的单词，在测试中也只检测刚才没记住的单词。

在一边记忆一边检测全部单词的小组中和只检测刚才没住的单词的小组中，得分率出现了较大差异。每个小组全部记住 40 个单词的速度没有太大区别，但 1 周后再次进行测试，第 1 组和第 2 组的得分率大约为 80%，而第 3 组和第 4 组的得分率仅为 35%。第 1 组和第 2 组的共同点在于，在重复进行的测试中，每次都检测所有的 40 个单词；第 3 组和第 4 组则不然，在测试中只检测刚才没记住的单词。

实验结果表明，人们不应该只是为了记住知识而一味地将知识输入大脑，还应该将学过的内容实际输出，用手写出来或用嘴说出来，通过反复输出，学习过的内容才会固定在大脑中。

✏️ 制订小测试和模拟考试的实施规则

从上述实验结果中我们可以看出，**记忆的关键在于如何有计划地、认真地进行输出型测试**。比如，规定自己每天进行 1 次输出型自测，或者如果有时间通过阅读教科书、参考书进行输入，那就必须进行相应的输出，如做习题或是进行小测试等。如果忽视这方面的输出，即使心中想着学习，也会在不知不觉中把知识忘得一干二净。

另外，除了进行自测外，还可以定期接受正式的模拟考试，让他人给自己评分。让他人给自己评分会暴露出自己的实力，所以很多人往往会逃避这个选择，其实这种做法大错特错。让他人给自己评分不仅能够更加正确、客观地把握和分析自己现有的水平，还可以通过正式考试时的输出来巩固自身的记忆。

考大学的时候，我虽然没钱去上补习班，**但自己报名参加了东京大学所有的模拟考试**，包括一般的模拟考试在内，一个月我会考好几次。之后为了留学，我开始学英语。**报考托福**（TOEFL，检定非英语为母语者的英语能力考试）考试的时候，

我报考的次数是一年中可以报考的最多次数。除了正式考试外，我还买了许多模拟试卷，频繁地模拟正式考试。

将小测试和模拟考试提前列进自己的记忆计划中，定期并频繁地进行记忆输出，以此来巩固记忆。这样的做法是促使记忆成功的关键。

要点　　将定期测试列入计划中，给自己创造记忆输出的机会吧！

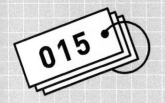

将记忆习惯融入每日生活

　　从长期效果来看，无论学习什么知识，最重要的都是养成好的习惯。将学习融入每天、每周的生活节奏中至关重要，养成习惯后什么都不用想，身体自然而然地就会带动你去学习、去记忆。

　　记忆中不可或缺的步骤是坚持和重复，所以最有效的办法就是养成习惯。比如，坚持每天在同一段时间里用 30 分钟来记忆，那么 1 年中就有 182 个小时用于记忆。每天在同一段时间重复同样的事情，只要习惯了这种节奏，我们就能毫无压力地长久坚持下去。因为长期持续进行，所以复习和测试更容易融入每天的生活中，记忆也更容易得到巩固。但如果是一时兴起才做的决定，或者是想在考前临时抱佛脚，那么即使周末一天努力学上 10 小时，充其量也只有 20 小时的学习时间。

　　此外，做一些还未形成习惯的事情会给精神和肉体带来疲倦感，严重时还会留下心理阴影，让人再也不想重复第二次。即使是那些好不容易才记住的东西，经过一段时间后也会忘得一干二净。

✏ 两个星期内，在同一时间、同一场所做同样的事情

对我来说，早上 5 点 ~ 7 点是用于晨读和自习的时间，这已经成为我每天必做的事情之一。在这段时间里，我可以看书、写博客，如果是在日本的簿记等资格考试前夕，这段时间还可以用来记忆和学习。总而言之，早上的时间就是用来进行各种学习的。其实，我最初并不擅长在早上学习，但因为养成了早睡早起的习惯，所以现在早上可以毫不费力地醒来，身体的各项机能也能够活跃起来。

备战大学入学考试的时候，我辞掉了连续做了两年的兼职。在做兼职的时候，从放学到晚上 10 点我都在打工。辞掉兼职后我并没有把突然宽裕出来的时间用在看电视和休息上，而是直接将其转换为学习时间。

放弃过去每天都进行的日程安排，能够让人更快、更轻松地确立新的日程安排。对于大多数人来说，每天反复做相同的事情就会养成习惯。即使是讨厌学习的人，只要每天都去上学，身体自然而然就会形成这个习惯，所以能够坚持下来。让学生每天都去上课，正是一种敦促他们养成习惯的手段。

固定的时间在相同的地方学习，这种做法更容易让上课等事情不受个人意志左右地坚持下去，更容易让学习成为习惯，也更容易将学习融入一周的生活节奏中。

依靠学校和补习班的日程安排是一种方法，此外，还可以自行调整生活节奏，养成记忆的好习惯，从而毫无痛苦地、自

然而然地切实取得巨大的学习成果。早上起床后、上学或上班的路上、午饭过后、回家以后、晚饭过后、晚上入睡前等都是每天生活中必定会出现的时间段。在这种生活节奏中，我们可以制订相应的日程安排，确保将记忆时间融入其中。那么，最好在什么时机下养成习惯呢？我们可以根据各自的节奏和喜好进行合理的安排，其中最重要的是在最容易养成习惯的时间段，培养出能够让身体自然而然运动起来的节奏。

如果 2 周之内，我们每天都能在同一时间里重复做相同的事情，那么就可以认为习惯已经形成了。请大家行动起来吧，以每天 30 分钟、坚持 2 周为目标进行尝试。如果 2 周后成功养成了习惯，那么接下来就可以确立符合自己实际情况的记忆日程了。

将记忆融入每日生活

要点　首先以"每天记忆 30 分钟、坚持 2 周"为目标，将记忆这件事情融入生活中吧！

让长时间学习成为可能的休息技巧

在考虑每天的生活节奏和日程安排时，思考如何利用学习和记忆以外的时间也同样重要。比如，当一天要学习 10 个小时的时候，一般人根本不可能坚持下来，更何况是连续花上 10 个小时来记忆，这完全不现实。在记忆学习时，我们可以把时间按小时进行分解，每学习 1 小时就穿插 10 ~ 30 分钟（平均为 20 分钟）的休息时间。一个阶段的学习和休息共需要 1 小时 20 分钟，所以完成所有学习任务需要 13 小时 20 分钟。按这样计算的话，从早上 8:00 开始，直到晚上 9:30 为止，我们可以将这段时间分为 10 个学习阶段。一般人无法接连不断地学习 10 个小时，但如果能在学习期间有效地穿插休息时间，让这种生活节奏成为习惯，那么普通人也完全可以做到。

所以在实际操作时，有效利用休息时间才是确保能够长时间学习的要点所在。

✏ 如何在休息过后轻松进入学习状态

我建议在休息的时候稍微活动一下身体。我在前面介绍过

"边走边嘟囔式记忆术"，活动身体可以促进血液循环，也可以促进大脑活动。**在保持身体静止不动、只用大脑进行记忆学习之后，相应地活动身体可以达到身体机能的整体平衡，同时也有助于恢复精神。**一味地学习会让人犯困，但运动能提神醒脑，我们要把运动的这种效果融入每天的生活节奏中并养成习惯。

在活动身体方面，我推荐的是**肌肉锻炼**。只要家里有一点空间，我们就可以在短时间内完成肌肉锻炼。此外，如果设定好了数字目标，我们每天还可以一边切实感受着数字的增长一边努力锻炼，比如给自己设定一个从能做 30 个俯卧撑增加到能做 50 个俯卧撑的目标。截至昨天，你还只能做 30 个俯卧撑，但今天做了 32 个，在感到高兴的同时还能切身感受到自己每天的进步。如果每天能够重复这样的训练，我们必定会在肌肉锻炼上看到真实的效果，并且还能获得成长的感觉，这种积极的想法对记忆也很有帮助。

肌肉锻炼的优点之一在于能够在 10 分钟内完成。在记忆过后的休息时间内集中进行肌肉锻炼可以促进血液循环，恢复精神后有利于马上进入学习的状态。话虽如此，但对于平时不怎么运动的人来说，进行肌肉锻炼可能会比较吃力。**除了肌肉锻炼以外，我们还可以进行伸展运动，这项运动也有同样的效果：能够消除困倦，恢复精神。**

第 1 次休息时做做俯卧撑，第 2 次休息时做做伸展运动，第 3 次休息时锻炼锻炼腹肌……每一次锻炼时无须勉强，只要在一天的生活节奏中切实地进行休息即可。

✏ 获得心理满足感的训练——心理训练

除了可以通过肌肉锻炼来活动身体外，我还有一个比较推荐的实践活动，那就是为他人做些事情，我称之为"心理训练"。上高中的时候，有时候父母不在家，我就包揽了所有的家务，也包括妹妹那份家务，从准备一日三餐到洗刷餐具、打扫卫生、洗衣服等。人们一般可能会觉得，家务做起来很麻烦，而且在备考学习期间做家务无疑是时间上的浪费。但是，在学习间隙的休息时间里做些家务更有助于恢复精神。

比如，饭后学习 1 小时，学累了就花 15 分钟去洗洗那些积攒起来的餐具。用水冲洗餐具时，手会受到一定的刺激，能够很好地消除困意。晾晒衣服时，到阳台上沐浴一下阳光，微风拂面，心情也会放晴，学习的压力也会得到释放。之后再回到学习状态时，也能更好地集中注意力。

活动身体可以改善血液循环，同时改变环境也有助于恢复精神，为他人付出后产生的心理满足感也会让人们对自己的人生产生积极的情绪。 为他人付出时，我们还会发现自己也是在很多人的支持下才走到现在的，从而会萌发出感恩之情。对他人的感谢以及活着的真实感会激励我们为美好的明天而不断奋斗。经过心理训练后，我们能拥有不畏任何挫折、积极勇敢的强大内心。

记忆和学习是一种头脑锻炼，但一味地锻炼头脑不仅会让人感到头大，还会让人感到疲倦，所以在学习期间要穿插一些心理和身体上的锻炼。通过心理训练和肌肉锻炼来平衡身心，一方面可以保持生活节奏的稳定，另一方面还会让我们具备不为外界环境而改变的坚持下去的力量。

肌肉锻炼　　　　　　　　心理训练

要点

为了不让大脑疲惫，在休息时间好好锻炼身心，保持身体机能的整体平衡吧。

有助于大脑记忆的
三大健脑食品

在前面的小节中，我提到了对记忆有所帮助的每日日程和生活习惯，此外食物也和促进大脑运动息息相关。在这一小节中，我会推荐一些有助于大脑记忆的健脑食品，这种食品在英语中被称为"brain foods"。

东京大学学生协会里卖的"头脑面包"非常畅销，东京大学的学生对这种面包也十分熟悉。头脑面包是指用每 100g 面粉中含有 0.17mg 以上维生素 B1 的"头脑粉"制作的面包。《一本让头脑变聪明的书》（光文社）的作者、庆应义塾大学教授林髞博士指出，维生素 B1 对大脑十分有益。葡萄糖分解后会为大脑供能，而促使葡萄糖分解所必需的就是维生素 B1。

虽然我个人并非强烈推荐头脑面包这个食品，但头脑面包在东京大学广为人知，而且作为健脑食品非常有名，所以在此进行介绍。

在实际生活中，我常食用的健脑食品有 3 种，分别是**咖啡、高浓度可可巧克力以及豆制品。**

咖啡

咖啡中含有咖啡因，咖啡因通过抑制大脑内腺嘌呤核苷的作用来提神醒脑，也有助于提高注意力。此外，还有实验结果表明，咖啡因可以强化对记忆至关重要的大脑海马体神经细胞的作用，从而提高记忆力。

喝过咖啡后，大约 20 分钟后大脑开始清醒，60 分钟后达到巅峰，这个过程可以持续 4 小时左右。所以在学习或记忆时，最好从想要集中精力的时间开始倒数，这样喝咖啡比较好，以免造成夜间失眠。

我早上起床后，第一件事就是喝一杯咖啡，然后检查电子邮箱和 SNS[16]，再为学习和写作等信息输出工作做好准备。15 分钟后，差不多就到了集中精力进行学习的时间。在早上的这段时间里，我的精力非常集中。另外，在下午学习工作前，最好也先喝上一杯咖啡。早上那杯咖啡的醒神效果慢慢消失的时候，也正是下午最容易困倦的时候，所以需要再喝上一杯咖啡来提神。最近我决定晚上早点休息，所以就不喝咖啡了，但学习到深夜的时候我会在 20 点左右再喝一杯咖啡，一直坚持学习到最后。所以对于喝咖啡这件事情来说，我认为一天 3 杯最为合适。

另外，因为喝咖啡时加太多糖或奶精会导致糖分摄取过多，所以要尽量避免这种情况的发生。经常喝咖啡的话，我建

---

[16]　社交网络服务，包括社交软件和社交网站。

议最好还是喝黑咖啡吧。

✏ 高浓度可可巧克力

我要推荐的第二种食品是高浓度可可巧克力，作为健脑食品中的重要食物，大家应该经常会吃到。

研究表明，巧克力的主要原料——可可豆中含有的可可多酚可以增加大脑的血流量，其中增多的脑源性神经营养因子能够增强记忆和学习等认知功能。**可可浓度高达 70% 以上的巧克力中含有高浓度的可可多酚，它能够高效增强大脑的学习和记忆功能。**1 块巧克力中可可多酚的含量越高，其含糖量就会越低。即使一次性摄取较多可可多酚也没关系，最终它们都会被排出体外，所以摄取巧克力时以 1 天 3 ~ 5 块为佳。食用巧克力 2 个小时后，血液中儿茶素（可可多酚中含有）的浓度会达到顶峰，随后可可多酚会逐渐被排出体外，所以最好在每天的上午、下午和傍晚分几次食用巧克力。

✏ 豆制品

我要推荐的第三种健脑食品是豆制品。在生活中我们可以接触到种类繁多的豆制品，比如豆腐、豆皮、味增等。

众所周知，大豆是一种非常健康的食物，对增强大脑功能十分有效。大豆中含有丰富的卵磷脂，人的大脑和神经组织中也存在着较多的卵磷脂，它能够促进神经递质乙酰胆碱的生成，也有助于提高记忆力和学习能力。另外，已有研究确认，摄取大豆中含有的大豆肽可促使神经生长因子、脑源性神经生长因子、神经营养素 -3 进行表达，从而能够抑制认知功能的下降。此外，有研究结果表明，大豆肽还可以促进增加氨基酸的含量，比如对神经递质及其受体的功能有促进效果的神经调节性氨基酸、促进脑损伤恢复的氨基酸，等等。

饮食习惯是要通过每天重复来养成的。每天改变一点点，时间长了就会产生很大的差异。实际上，为了增强大脑功能和记忆力，改善自己的饮食习惯非常重要。

 三大健脑食品

1、咖啡　　　2、高浓度可可巧克力　　　3、豆制品（豆腐、豆皮等）

 **要点** 合理摄取三大健脑食品，让食物成为你强大的记忆伙伴吧！

影响大脑记忆的
三大坏习惯

在前一小节中我已经介绍了对大脑有益的健脑食品，与此相反，一些习惯会对大脑造成不良的影响。

✏ 过量饮酒

说起过量饮酒，大家一般的印象是会给大脑造成恶劣影响——人会失去自我控制，酒醒后会丧失记忆，还会剧烈头痛，等等。科学研究已经证实，酒精会对大脑造成不良影响。牛津大学和伦敦大学的研究团队以 550 位平均年龄为 43 岁，并且接受过脑部核磁共振检查的男女为对象，对他们过去 30 年间的检查数据进行了分析。结果表明，过量饮酒会增加海马体萎缩的风险，也有可能对记忆和空间认知能力造成负面影响。与不喝酒的人群相比，每周喝 30 杯（1 杯相当于 200ml，酒精浓度为 5%）酒以上的过量饮酒人群海马体萎缩的风险较不喝酒的人提高了 5.8 倍；每周喝 14 ~ 21 杯的适量饮酒人群的患病风险也提高了 3.4 倍；即使是每周只喝 1 ~ 7 杯酒的少量饮酒人群也无法避免海马体萎缩的概率提高的风险。

从数据上来看，过量饮酒对大脑百害而无一利，而适量饮酒也会对大脑造成损伤。如果未成年人饮酒，影响则会更加恶劣，据说在大脑发育阶段饮酒会破坏神经细胞，有加快大脑萎缩的危险。不仅法律上禁止未成年人饮酒，而且单从造成大脑功能下降这一点来看，饮酒本身就是一种不好的习惯。

顺便提一句，我是滴酒不沾的。考虑到饮酒对身体、大脑、情绪控制等都有不良影响，所以我给自己定了一个不碰酒精的规矩。我也参加酒会，因为事先明确表明自己不饮酒，所以不会给人际关系和工作带来困扰。得益于自身的良好习惯，我至今从未感受到记忆力和大脑功能的下降。酒会后的晚上和第二天早上，我也从未有过因为头痛而不能动脑或者记忆出现缺失的经历。

✎ 在学习时使用智能手机

学习和记忆时可以使用智能手机上的 App，但在学习时间内，不以学习为目的的玩手机则会导致注意力下降。看看朋友在社交网络上发送的消息，被各大网站上的投稿吸引了眼球，你就不能再集中精力学习了。在记忆和学习时，应该先给自己定几条规矩，比如直到完成任务绝对不碰手机，关闭手机电源或者开启静音模式，并且事先将手机放到自己视线以外的地方。

此外，玩手机还会带来一个严重问题——一旦开始玩手机就很难停下来，也就意味着你会浪费大把的时间。在学习间隙的休息时间里刷一下手机上的新信息并不为过，但如果无休止地刷下去就会造成时间的浪费，这一点非常不好。休息的时候最好也要规定好玩手机的时间，事先确定好自己要用手机做的事情，使用手机要有度。

✎ 使自己处于过度的慢性压力状态下

大家肯定会有这样的经历：因为人际关系而烦恼；或者因为太过担心一些事情而造成自己无法集中精力学习；或者还可能因为紧张而惊慌失措，造成大脑一片空白，把本应该记住的东西忘得一干二净。

压力会对大脑皮层的前额叶造成影响。前额叶中遍布与抽象思考相关的神经回路，能够起到提高注意力、让人专心工作的作用，还具备作为暂时存储器储存记忆的功能。**如果人感受到慢性压力，前额叶的树状突起就会萎缩，进而导致上述功能的下降。**抑郁症、依赖症、创伤后应激障碍等心理疾病也被认为是由于这种压力而引起的脑内变化。厚生劳动省调查结果显示，日本抑郁症患病率（至本书 2018 年出版为止身患抑郁症的人群比例）达到 3% ~ 7%，抑郁症实际上离我们并不远，千万不要觉得它和自己完全无关。还未发展成抑郁症、备感压力的"准抑郁症患者"人群也有相当大的比例。

如果压力堆积过多，则会给大脑造成损伤。可能的话，好好整理一下给自己带来压力的人际关系吧（如果不能解决，就向人事部门控诉或者改变自己的工作岗位），尽情发泄，或通过自己的兴趣爱好来缓解压力、控制压力，这对于大脑记忆来说至关重要。

顺便说一下我的情况，我每天会运动 20 ~ 30 分钟，这个习惯不仅有助于维持体力，还有助于缓解压力。前面我介绍过为他人服务的心理训练，你可以实践一下，它也有助于改善人际关系、缓解压力。

过量饮酒、学习时使用手机以及过度感到压力都可能对大脑记忆造成损伤，我们要好好把控这种风险。在生活中也要摒弃可能造成大脑损伤的习惯，这对学习和记忆至关重要。

✗ 三大坏习惯

1、饮酒　　2、学习时使用手机　　3、压力

要点 重新审视自己的习惯，现在就和坏习惯一刀两断吧！

从现在开始，1周见证效果——超实践型"英语单词记忆术"

在掌握了记忆术的细节后，大家肯定立刻就想要尝试，验证一下记忆术的效果。只要集中精力好好运用记忆术，哪怕在刚刚开始的第 1 天，也能切身感受到效果，在这里我给大家具体介绍一种可以在 1 周内取得成果的超实践型"英语单词记忆术"。无论是学生还是社会人士，只要合理运用这种方法，都能够高效记忆英语单词。

如果要把 1 周的时间进行分解，那么可以分为周末 2 天和工作日 5 天。工作日的时候，学生要去学校上课，社会人士要工作，但到了周末，所有人都可以自由利用一整天的时间。

首先，找出 1 周内自己可以利用的时间，制订记忆策略。例如工作日的时候，从早上 6:00 到 7:00 的 1 小时，上学或上班路上的 15 分钟，回家路上的 15 分钟，晚上回家吃完晚饭后 20:00 到 21:00 的 1 小时，洗完澡后 21:30 到 22:30 的 1 小时，共计 3.5 小时。当然，这个时间也要根据大家平时的就寝和起床时间来计算。为了不影响白天正常的学习和工作，大家千万不要勉强自己，千万不要削减自己的睡眠时间。

周末的话，在早上 6:00 到 7:00 进行学习，之后吃个早饭，从 8:00 学到 9:00，休息 10 分钟，再从 9:10 学到 10:10，休息 50 分钟，这时你可以散散步。之后从 11:00 到 12:00 再学上 1 小时，这样整个上午就有 4 小时的学习时间。到了休息日的早上，很多人会睡个懒觉，其实这样白白浪费了上午的大好时光，实在是太过可惜。**请大家在休息日的时候也保持和平时一样的生活节奏吧。**之后从 12:00 开始，花 1 小时吃个午饭，午饭过后从 13:00 学到 14:00，休息 10 分钟后再从 14:10 学到 15:10。接着花 50 分钟听听音乐，做做伸展运动，活动活动身体，恢复一下精神。接着从 16:00 学到 17:00，休息 20 分钟，再从 17:20 学到 18:20。学习过后充分预留出到 20:00 为止的 100 分钟时间，在这个时间段内准备晚饭以及享用晚饭。之后再从 20:00 学到 21:00，花 30 分钟时间洗个澡，再从 21:30 学到 22:30。这样算下来，一下午就能有 6 小时用于学习。如此计算，周末 1 天总共可以确保 10 小时的学习时间。

当然不要忘了，学习的时候一定要切实地穿插休息，将散步和恢复精神的时间也算入其中，就寝时间也要早早地安排好。如此想来，比起印象中枯燥无味地学上 10 小时，上述安排更为合理高效。相较于工作，学习时加入了更多的休息时间，所以心理上也会觉得比较轻松。

工作日有 5 天，每天能学习 3.5 小时；周末有 2 天，每天能学习 10 小时。合计下来，1 周内就可以确保 37.5 小时的学习时间。为了巩固记忆，多次重复也十分必要，所以不要一下子用尽 37.5 小时来记忆一遍英语单词，事先就要考虑好日程安排，想一想自己应该如何合理安排时间来重复记忆 7 遍。

如果要在 37.5 小时内记忆 7 遍，那么第 1 遍可以用 13 小时，第 2 遍可以用 9 小时，第 3 遍可以用 6 小时，第 4 遍可以用 4 小时，第 5 遍可以用 3 小时，第 6 遍可以用 1.5 小时，第 7 遍可以用 1 小时。计划上虽然是这样安排的，可当实际去做的时候，每次需要的时间多多少少会有些变动，但我们还是要事先做好大致的计划。

在前面的小节中我讲过，30 分钟正好可以记住 20 个英语单词，所以 1 小时内可以进行 2 组，记忆 40 个单词。在第 1 遍记忆的 13 小时内，可以设定好 13 组，每组 40 个单词，此外时间上要稍微宽裕一些，所以可以把记忆目标定为 500 个英语单词。在 1 周内重复记忆 7 遍后，我们完全可以完整地记住这 500 个英语单词。与第 1 遍相比，第 2 遍记住的单词数量会有所增加，经过第 3 遍、第 4 遍的重复后，记忆的正确率也会逐步提升，从 3% 到 20%、40%、60%、80%、90%，直到100%。切实并且准确地感受自己的成长，正是成功的秘诀所在。此外，每次记忆那些还未记住的单词所需的时间也会随着重复次数的增多而不断缩短。

当你坐在书桌前并能够集中精力记忆时，可以一边进行小测试一边把不明白的单词写在笔记本上，同时出声读出来，充分活用各种感官进行记忆。另外，你还可以把单词写到便笺上，贴到厕所的墙上和冰箱上，而单词本则要经常随身携带。在上班或上学的路上，虽然我们没有办法在笔记本上写字，但是可以通过小测试来检查自己是否记住了，也可以在心里嘟囔着记忆。如果你选择使用英语单词 App 来辅助记忆，那么即使当你站在电车上的时候，也能像玩手机游戏一样进行记忆。

在周末进行长时间记忆的时候，即使中间时常穿插休息时间也会让人感到疲倦，所以在午后犯困的时间段里，最好在家里一边溜达一边记忆。早上、下午以及晚上，我们可以吃些利于记忆的健脑食品。喝杯咖啡、吃块高浓度可可巧克力，这些做法都可以提高注意力。此外，一定要做好自己记忆的日程安排，规划好生活的节奏，养成记忆的习惯，这样才能让自己毫无痛苦地、切实地进行记忆实践。如果第 1 次给自己定目标时就要求自己坚持 1 年，实现起来难度就太大了，但如果只要求自己坚持 1 周，那么应该能够很顺利地完成记忆任务。

在实际生活中，**我运用了上述这种记忆方法，并在托福考试中获得了阅读部分满分的好成绩**。在研究如何提高托福考试的成绩时我注意到，当阅读部分出现较难的单词时，自己就会难以进行下去，所以我重新记忆了托福的高频词汇。短时间内我集中学习了托福的所有单词，之后又重新参加了一次考试。在上一次的考试中，满分 30 分的阅读部分我只考了 25 分，但在新一次的考试中，我的分数一下子就提升到了 30 分。当时托福考试以机考的形式进行评分，满分 300 分，而我从 250 分提升到了 273 分，这也就意味着我满足了哈佛大学研究生院入学的条件之一。

即使是在 1 周之内，只要肯实践，你就能切实地感受到记忆术的效果。将实际体会到的成就感转化为自信，将确立的记忆日程安排融入生活习惯中，从长期来看，这种做法必定会助你实现远大的目标。心动不如行动，大家赶快来试一试吧，在本周内挑战为期一周的超实践型"英语单词记忆术"吧。

要点

如果你想要在短时间内取得记忆成果，那就尝试一下超实践型"英语单词记忆术"吧！只要不放弃，只要肯坚持，一周就能见证奇迹。

020

在考场上想不出答案时，让你突然就能想起来——"顺序回忆术"

到了正式考试的时候我们可能会突然忘记一些东西，即使是那些费尽千辛万苦才记住的知识。明明已经记到脑子里了，却怎么也想不起来，想必大家都有过类似的经历。不仅仅是考试的时候，在日常生活中想喊某人的名字时却怎么也想不起来，想说话时却突然忘记自己要说什么……人是健忘的生物，遇到上述情况也是没有办法的事情。但是既然努力进行了记忆，到了考试的时候，我们肯定是想要好好地回忆起来，展现出自己真正的实力。

🖉 秘诀是按顺序回忆

在考场上，我们可能突然怎么也回忆不起来那些记忆过的知识点，其实这时候想要回忆起来也是有秘诀的。我们可以**按 a、b、c、d、e、f、g……的顺序，依次从大脑中提取想要回忆起来的内容**。有些知识虽然已经记住了，但一进考场瞬间就忘了，这时我们可以按照拼音首字母的提示，依次在记忆中进行搜寻。当搜寻到想要回忆的内容的首字母时，记忆会一下子苏醒过来，曾经记忆过的内容就会从大脑中流淌而出。也就是说，用这种方法进行回忆靠的是一种获得启发的感觉。依此类推，在你记不起来英语内容的时候，可以按照字母表的顺序进行回忆。

这种情况我从小就在经历，不管考前怎么努力记忆，到了正式考试的时候都会突然忘记一两个问题的答案。如果交卷前依旧没有想出答案，成绩也就止步于 98 分或 95 分；但如果能回忆起来，就能考到 100 分。每次遇到这种情况，我都会使用"顺序回忆术"，将记忆过的知识从大脑中提取出来，跨过这仅有的一步，最终成功取得满分。

当然，如果想要回忆的内容的首字母是拼音表中的后几个，那回忆起来就需要花费相当长的时间。在正式考试的时候，暂且先把回忆不出来的内容跳过去，在回答完所有问题后，如果时间还有剩余，再回过头去琢磨之前没有想出答案的题目。开始回忆时，要踏踏实实地履行"顺序回忆术"的每个步骤，大约 3 分钟过后，之前记忆过的内容就会浮现在你的脑海里。

当最终回忆起一开始怎么也想不起来的内容时，你会感到无与伦比的喜悦。**顺利走完最后的关键一步，考试成绩理所当然也会得到提高。**当你在考场上突然忘记自己学习过的内容时，一定要尝试一下这个方法。

要点 遗忘和考试二者如影随形。好好运用"顺序回忆术"，坚持奋战到最后吧！

021

适用于考前的记忆术

　　如果从记忆术的角度来思考，考前应该做些什么呢？从结论上来讲，考前我们应该再回顾一遍之前记忆过的知识。**到了临近上考场的阶段，与其匆匆忙忙记忆新的东西，不如再复习一遍已经学习过的知识，检查自己是否已经记牢。**

　　事实告诉我们，人的大脑总是很容易遗忘。即使觉得自己记住了某些知识，时间一长，你也会在不知不觉中将它们忘得一干二净。尤其是在记忆新内容时，疲劳用脑可能会导致之前记忆过的旧数据惨遭"删除"。因此，临上考场之前最好不要记忆新的知识。另外，人一旦坐到考场上，往往会因为紧张而备感压力，考试时间又有限，所以有可能突然忘掉本应该记住的内容。

　　为了防止记忆遗失，最有效的做法是在临考前再复习一遍学过的内容，对记忆进行最后一遍检查。在考试前一天的早上或是中午，你可以以贴近正式考试的形式做一次模拟测验，或者再答一遍曾经做过的题目来巩固自己的记忆。全面复习一遍迄今为止学过的知识，为最终的"登台演出"做一次"彩排"。再做一遍已经做过的题目，不仅能够确认最终的记忆效果，同时还能够增强自信，让自己为正式的考试做好心理准备。

× 新知识
√ 最后的记忆检查

    在考试的前一天晚上，应重点复习一遍之前模拟考试和日常做题时出现的错题，记忆过程中觉得很难记住的知识点以及经常出错的地方。在最后的阶段并非要去记忆新的内容，需要做的是对已经记忆过的内容进行最后的确认。因为熬夜复习、削减自己的睡眠时间往往会对正式的考试造成不好的影响，所以一定要避免通宵达旦地复习。

    到了考试当天，在早上可以把之前学过的参考书再粗略地翻阅一遍，最后确认一遍自己觉得比较重要、并且做了标记的地方以及感觉比较吃力的地方。我是这样建议的，但如果考试当天剩余的时间不多，与其慌慌张张做些什么，不如下意识地好好调整心态。翻翻考前用过的参考书也只是为了告诉自己已经做好了复习，让自己以信心饱满的状态去迎接考试的到来。

    我在正式开考前的 15 分钟通常会冥想，稳定心神，相信自己已经做出的努力，并且希望自己能够在考试中发挥出百分之百的实力与水平。考试就是一局定胜负，确实会令人备感紧张。但我们要学会缓解由考试所带来的压力，相信只要保持一颗平常心，到了考场上就能够发挥出"百分之一百二"的实力，将之前记忆过的知识运用得淋漓尽致。

想必也有不少人有过这样的经历：在正式考试之前着急地记忆一些新知识，结果导致自己内心忐忑不安，最终在考试时无法发挥出正常的水平。所以说与其记忆新知识，不如总结一下之前学过的内容，以防止在正式考试的关键时刻掉链子。那么最后让我们保持满腔信心，胸有成竹地走向考场吧。

要点 在考前看新知识，不如以学过的知识为中心进行系统的复习。保持自信，加油吧！

022

快乐地重复记忆

　　提起背英语，人们往往提不起兴致，总是满脸痛苦，觉得背英语完全是一种艰难的苦行。所以，大家对前面小节中提到的"英语单词记忆术"也会有些许抵触吧。记忆的基本操作在于重复，一遍遍重复是不可或缺的步骤，这一事实我们无法否认，而且到了记忆的最后阶段，不管是谁都会感到疲倦。因此，我在这里为大家介绍另外一种英语记忆术，利用这种记忆方法，大家可能会爱上这种重复记忆的过程。这种记忆术要求我们在唱自己喜爱的英文歌曲时，把英文歌词完整地记忆下来。

　　就像前面提到过的配合着《喂喂，小乌龟》这首歌来记忆知识点一样，通过歌曲进行记忆的方法既可以愉快地给人留下深刻的印象，又能很好地巩固记忆，是一种行之有效的记忆方法。背英语的时候同样可以应用这种歌曲记忆术，一边看着英文歌曲的歌词，一边轻声哼唱，自然而然地将英语句子印入脑海中。

　　无论多么讨厌学习、多么不擅长学习的人，在听自己喜爱的歌手的歌曲时，都能在不知不觉中跟唱，而跟唱也就意味着记忆成功。如此这般将歌曲中蕴含的魔力运用到英语学习上，岂不妙哉？

愉快记忆英文歌曲的视听方法

　　首先，找出自己喜欢的英文歌。在这个步骤中，最重要的一点是要选择自己百听不厌的歌曲。不用多说，英文歌曲的歌词中必然包含众多英语句子，如果要一门心思地记忆这些句子，听歌就会变成中规中矩的学习，不久就会让人疲倦。但如果把重点放在唱歌上，反而会舒缓压力，并且有助于记忆歌词中的英语句子。这种记忆方法应用了歌曲记忆术中的技巧，会让记忆变得更加深刻。

　　但在实际运用这个方法记忆英语时，仅仅用耳朵听音乐是完全不够的。**在用耳朵听英文歌曲的同时，还要用眼睛看英文歌词。**如果还想在此基础上将记忆效果提升一个层级，那么在**看喜爱歌手唱歌的视频或音乐短片时，把图像也一起记忆下来吧。**在观看自己喜爱的歌手唱歌的视频时，我们的情绪会高涨，这种情绪十分利于将知识以图像的形式转化为长期记忆。此外，在线听英文歌曲时，如果我们还没有记清歌词，那么可以观看附带英文歌词的音乐短片。在网络上学习英语时，我们不仅能在视觉上确认英语句子，还能在听觉上聆听歌手的歌声，自己也能跟着哼唱，所以运用这个方法进行记忆，能够充分利用我们的各种感官。

　　当唱起自己喜爱的歌曲时，人会变得积极向上，压力和疲劳也会随之得到缓解。所以，当你因为背单词等单调的记忆工作而感到疲倦，想通过听歌缓解压力、恢复精神时，可以尝试一下这种记忆方法。

此外，我们还可以在网上找一些免费且通俗易懂的英语学习视频。在线学习的优点是可以反复观看。在真正的课堂上，我们没办法要求老师重复多次讲解相同的知识点，但在线学习时完全不需要有这方面的顾虑，我们可以简单地无限次重复播放。重复记忆才能加深印象，所以我们不仅要重复观看视频，同时自己还要模仿授课教师的语音语调，张嘴说英语，这样才能使学习富有成效。

灵活利用网络资源，反复观看原汁原味的英语课程，只有这样我们才能自然而然地记住英语、学懂英语。

 **要点** 在网上愉快地收听自己喜爱的英文歌曲吧！同时也要给自己创建一个能够愉快进行记忆的计划哦！

023

完全记住演讲稿
——"演讲记忆术"

"记忆 1.0"不仅可以应用于备战考试和学习英语会话上，还可以应用到其他各种场合。比如，我有时候会参加英语演讲比赛或是韩语演讲比赛，在正式比赛时**我完美演绎了演讲稿中的所有内容，最终在比赛中拔得头筹**。我在记忆演讲稿时活用了"记忆 1.0"中的记忆方法和技巧，下面我为大家详细介绍我当时使用的记忆方法。

✏ 强化记忆的写稿方式

在撰写演讲稿的时候，首先要构建整个故事，**让各个场景片段浮现在自己眼前，如同看电影一般**。这种做法既是为了让听众产生共鸣，也是为了更好地传达自己演讲的内容，更是为了能够从图像上记忆自己写的演讲稿。

汇报和演讲所用的 PPT 上往往会插入一些照片和图表。就算演讲时不能使用 PPT，我们在写稿以及读稿的时候也要想象一下自己在**每个段落中想要和听众分享什么样的图像，**（如果可以的话）能够插入什么样的照片。

另外，在开始撰写演讲稿前，一定要明确自己演讲稿的逻辑构成。如何起承转合，如何提出问题及其解决方案，在哪里补充其他事例来验证解决方案的合理性，等等。在撰写演讲稿的过程中也要考虑以上这些问题，通过对演讲稿逻辑构成的理解来强化记忆。说到底，这个方法就是通过逻辑理解来巩固记忆。

✎ 反复练习以达到最佳演讲效果的诀窍

只要掌握了演讲稿所呈现的图像和整体的逻辑构成，那剩下的就只有反复练习了。如果是 10 分钟的外语演讲，那么 1 周时间就足够完整记忆演讲稿了。但如果你只是想在一定程度上记忆下来，那 1 天时间就完全可以了。

首先把演讲稿所呈现的图像和逻辑构成灌输到头脑中，之后像正式演讲时一样感情饱满地朗读演讲稿。前几遍的时候，我们可以看着演讲稿读。既然是 10 分钟的演讲，而且练习的时候也要像正式演讲一样朗读，所以每读一遍也同样需要花费10 分钟的时间。那就花上 1 小时（每遍结束后可以休息 2 分钟），将演讲稿出声朗读 5 遍。到了第 3 遍、第 4 遍的时候，在某些不看稿也能顺利说出来的部分，我们可以尝试脱稿演讲。如果不能马上回忆起来，就要立刻确认演讲稿上的内容。如果恰逢休息日，那 1 天之内将这 1 小时的演讲练习重复进行3 次就可以在一定程度上做到脱稿演讲了。在这个过程中，一共会把演讲稿重复朗读 15 遍。

如果你在一定程度上已经把演讲稿记下来了，那之后就可以在路上或是空闲的时间里进行演讲的"彩排"了。比如，步行的时候尝试小声脱稿演讲；在家里的时候，只要有短暂的空闲时间，就花上10分钟尝试着将演讲完整地进行一遍。演讲稿要随身携带，如果有回忆不起来的内容，那就需要马上对照演讲稿进行确认，之后再继续进行练习。如果有的段落容易忘记，那就要好好核对相关内容，针对那个段落重点进行反复记忆，直到脱稿演讲时没有丝毫停顿。说起练习，即使是在上学或是上班的日子里，只要能够灵活利用空闲时间，那么1天也能进行4～7次"彩排"。这样算起来，在工作日内就可以重复"彩排"20～35遍。此外，再加上第1天休息日里反复练习的15遍，算下来一共可以反复练习35～50遍。

练习到这种程度，就足以完全记住演讲稿的所有内容了。到了这个时候，我们可以毫不犹豫地、充满感情地进行演讲了，同时还能将自己脑海中浮现的情景图像分享给听众。保持这种状态，到了正式登台演讲时绝对能够名列前茅。

这种完全记住演讲稿的记忆方法不仅可以运用到竞赛的准备过程中，在国际会议等重要场合必须进行英语演讲时，在商业洽谈的商务场合必须进行汇报时也能够助我们一臂之力。**与其毫无感情、语气生硬地照本宣科，不如完整记忆下来，感情饱满地与听众进行互动，这样更能触动听众的内心，激起听众内心的波澜。**此外，如果你用英语或是其他外语完美地进行了演讲，感动了听众，获得了如潮般的掌声，你的自信也会大大增加。

其实人们并非只有在使用英语等外语时才会缺失自信，用母语演讲或汇报时也可能会没有自信。在"记忆 2.0"的章节中，我会详细叙述这部分内容，现在我先简单提及一下。在准备母语演讲时，虽然并不需要像准备外语演讲时那样花费大量时间，但准备过程和步骤大体相同，也都是在掌握了演讲稿所呈现的图像和整体的逻辑构成的基础上进行反复练习和反复彩排。脱稿进行演讲或汇报会比照着稿子读更打动听众，也能更好地将自己的想法传达给听众。当大家需要准备演讲或汇报时，请一定尝试一下本小节中所介绍的"演讲记忆术"。

要点　演讲的秘诀在于先掌握演讲稿所呈现的图像和整体的逻辑构成。

024

实战记忆术：
复习1周通过簿记3级考试

"记忆1.0"这一章节中的记忆方法不仅对英语学习有所帮助，在备战资格考试时也可以发挥作用。在本章的开头部分，我说过最重要的是要有记忆策略和计划，尤其是当我们有"通过资格考试"这一明确目标时，记忆策略和计划尤为重要。其中重中之重是如何制订通过资格考试的策略和计划，以及如何付诸实践。下面我以自己复习1周通过簿记3级考试为例，介绍一下我当时是如何制订策略和计划，以及怎样将它们付诸实践的。

曾经应公司业务的有关规定，我必须考取簿记3级资格证。当时那段时间，我每个月都要去海外长期出差一次，每天都异常忙碌，而且空闲时间里我还要写书，截稿日期也迫在眉睫。周围的同事都报名了培训班的课程，或是选择去听簿记讲座，但我无论如何也挤不出那些时间。所以，我制订了自己的计划——自学簿记3级1周，以记忆出题点为突破口来通过考试。

我之前从来没有学习过簿记，而且备考时对簿记也完全不感兴趣，一切都是因为公司要求必须取得簿记3级资格证。在备考时，我首先给自己规定了完成日期，然后设定了学习目标。

根据考试大纲来决定哪些事情不用做

第一步，制订记忆的策略和计划。

网络上有很多关于簿记3级考试的经验帖和应试方法，周末的时候我先粗略地浏览了这些内容，制订了记忆策略，列举了自己的学习动机。接下来，我尝试做了一套往年真题，因为之前完全没有学习过这方面的内容，所以几乎一道题也做不出来。但"全军覆没"也完全没有关系，我的初衷就是期望通过答题来大致了解考试的类型，并掌握学习的要点。

在制订策略时，**我了解到合格标准是分数达到70分。所以从某种意义上来说，在1周的学习中即使不能完全掌握所有知识点，我也能够通过临阵磨枪来保证通过。确认了这种情况后，我制订了自己的计划。**如果自己的目标是100分或是90分，那记忆策略和时间分配方式会有所不同，但如果目标只是想要考取资格证，那只要考到70多分就足够了。分析过后我认为，以70多分为标准制订复习策略最为高效。

第二步，我购买了往年的真题和《10天通过考试！以最快的速度掌握日商簿记3级》这本参考书。在制订应试策略时，我们必须要有该门考试的往年真题和模拟试卷，而买下那本参考书是因为它对我制订的短时间备考策略非常有帮助。

《10天通过考试！以最快的速度掌握日商簿记3级》这本参考书大约有360页，书中将相关知识点划分为10天的任务量，但我想在1周之内通过考试，所以给自己制订了为期5天的复习计划。在这5天内我需要把书看一遍，做到大致的理解。也就是说，在 1 天的时间里我需要完成 2 天的记忆任务量。原本 1 天的记忆任务量大约有 30 多页，那我 1 天就需要看 60 多页。

这次备考正处于我异常繁忙的时期，所以我充分利用了早上的时间。我早上 4:00 起床，7:00 做出门的准备，所以早上我有 3 小时的学习时间。即使晚上需要长时间加班或是参加酒会，只要早上早些起床，我就能确保自己的学习时间。同时我也保证了足够的睡眠时间，所以早上不会太过疲倦。

在学习时，我使用了很多记忆技巧，包括灵活利用图像来辅助记忆等方法。比如，簿记的总账规定：左侧为借方，右侧为贷方。"借[17]"字日语假名的最后一笔朝左，所以借方在左侧；"贷[18]"字日语假名的最后一笔朝右，所以贷方在右侧。我就是像这样利用图像进行记忆的。在上面我提到的那本参考书中，几乎每一页都印有插图或表格，所以能够很好地辅助我结合图像进行记忆。

在 5 天的时间里，我按照自己的计划坚持学完了相关的簿记知识，将参考书中 10 天的任务量——360 页进行了通读，并且对考点有了大致的理解。

第三步，在正式开考前的周六，我开始做往年的真题。按照正式考试时的时间标准，做题时我给自己规定了 2 小时的答题时间。答完题后自己核对答案，答错的题目查看详细解析，

---

[17] "借"字的日语假名为"かり"。
[18] "贷"字的日语假名为"かし"。

并以此作为复习。针对那些做错的题目，我会重新回顾一遍参考书中的相关知识点。周六我不用去上班，所以有一整天的空闲时间，在这一天中，我按照上述步骤做了 3 套真题，大约一共花费了 10 小时。在做第 2 套和第 3 套试卷时，我的得分都超过了 70 分，所以我觉得按照自己的状态能够顺利通过考试。除此之外，周六晚上睡觉前，我一边回忆作答这 3 套真题时的感觉，一边又把参考书复习了一遍，在这个过程中我重点复习了自己答错或觉得吃力的知识点。

周日就是正式考试了，我为了保持最佳的状态，并没有 4 点起床，而是睡到了 6 点多自然醒来。在坐电车去考场的路上，我又复习了一遍参考书。算上这一次的复习，我一共将参考书反复阅读了 6 遍，其中包括巩固复习答错部分的知识点时的 3 遍。按照道理，我应该将参考书再多复习几遍，但我的目标只是顺利通过资格考试、正确率达到 70% 以上而已，所以做到这个程度就已经足够了。最终结果表明，我按照自己的计划用 1 周时间成功通过了簿记 3 级考试。

如果你要通过的是像簿记 3 级一样不太难的考试，那么像这样的短期集中型自学模式、以背诵为中心的学习策略完全能够助你顺利通过考试。希望大家能够利用"记忆 1.0"中的记忆策略高效通过资格考试。

要点 利用短期集中型自学模式，高效地通过资格考试吧！

025

记忆实践：
1个月掌握4000个英语单词

在这一小节中，我会和大家分享一些我自己的真实体验，虽然很可能只是极端的个例，但是大家可以通过这些具体事例来了解，灵活利用"记忆1.0"中的记忆术可以完成什么程度的记忆任务。

在之前的小节中，我已经向大家介绍了如何用1周时间记忆500个英语单词——一种任何人都可以实践的记忆方法。根据我的经验，应用这种记忆方法，在1个月的时间内完全有可能记住4000个英语单词。

我在备考哈佛大学研究生时，拼命学习过一段时间的英语。在学习的过程中，我发现自己的英语词汇量很小。正像我前面所说的那样，在苦于提高托福考试成绩的时候，我发现当阅读部分出现较难的单词时，自己就会被困住，所以我再次集中精力学习了一遍托福高频词汇。

我当时用了一本叫《TOEFL考试的3800个英语单词》（旺文社）的单词书，大约用了1个月的时间记住了书中所有的3800个单词，我再次报名了托福考试。在前一次的考试中，满分30分的阅读部分我只考了25分，但在这一次的考试中，我的成绩提升到了 30 分。当时托福考试是以机考形式进行评分的，满分为 300 分，而我的总分从 250 分一下子就提升到了273 分。

在我备考哈佛的漫漫长路上，背英语单词的故事还远远不止这些。申请美国大学研究生的时候，必须提交 GRE（Graduate Record Examination，美国研究生入学考试）成绩，GRE 考试是外国留学生和美国学生都要参加的考试。GRE 考试由 3 部分构成，考察基础数学的 Quantitative 部分、考察论述问题能力的 Writing 部分以及考查词汇能力的 Verbal 部分。

因为我比较擅长数学，所以在 Quantitative 部分没花太大精力就轻松取得了满分。但在 Verbal 部分中，我完全丧失了自己的优势。这一部分满分是 800 分，但第一次考试时我只考了 280 分，成绩惨不忍睹。即使取得了托福考试阅读部分的满分，我的成绩也只有可怜的 350 分。实际上，即使完全记住了托福考试所要求的 3800 个英语单词，也只是达到了留学生所必须达到的水平。GRE 考试的 Verbal 部分中所要求的词汇量远超过托福考试，它所要求的是英语母语者研究生水平的词汇能力。经过一番搜寻后，我找到了一本英文版的 GRE 备考用书。在书中我找到了一个包含 4000 个单词的单词表，上面都是一些我从未见过的高难度英语单词。为了让大家能够直接感受到这些单词的难度，我在下页的列表中列举了该单词表中的前 10 个单词。

abase

abash

abate

abbreviate

abdicate

aberrant

aberration

abet

abeyance

abhor

大家认识其中的几个单词呢？如果你能认识 1 个单词，我就觉得你很了不起。因为这本书是面向美国人编写的英语参考书，所以书上没有日语翻译，只是像英英词典那样用英语解释了单词的含义。

说起这 4000 个单词，虽然数量多得令人头皮发麻，但是为了考上哈佛大学，我下定决心要把这 4000 个单词一一击破。为了在面向美国人的考试中取得高分，我给自己设定了一个目标——1 个月掌握 4000 个连美国人都觉得困难的英语单词。

✎ 永不放弃、勇攀高难度单词之峰的记忆策略

当时我运用的也正是"记忆 1.0"中的记忆方法。在这一个月的时间里，我并没有想记忆一遍就记住 4000 个单词，而是在反复记忆了 7 遍后成功记住了所有单词。

在记忆第 1 遍的时候，我每天记忆 400 个单词，并且按这

个节奏记忆了 10 天。当碰到不认识的单词时，我会仔细看一遍单词的解释，结合各种感官来进行记忆。这时候即使不能完全记住每一个单词，也要迅速地记忆下一个单词。如果在个别单词上花的时间过长，记忆得太过仔细，一天之内就无法完成 400 个单词的记忆量。每天要记 400 个单词，这就意味着每天要花 10 小时的时间来记忆。不上班或不上学的时候，一天是可以保障这 10 小时的记忆时间的。在记忆的过程中，最重要的一点是不要让大脑太过疲劳，学习一段时间后就要好好休息一下，做些肌肉锻炼和心理训练，恢复恢复精神。此外，还可以摄入一些健脑食品，比如喝杯咖啡、吃块高浓度可可巧克力等。我的这个记忆计划并非适合所有人，我当时在时间上比较充裕，所以能够坚持每天学习英语 10 小时。在这一阶段中，我每天花 10 小时学习 400 个单词，持续 10 天后，我顺利完成了 4000 个英语单词的第 1 遍记忆。

接下来，我用 7 天的时间进行了第 2 遍记忆。因为之前已经记忆过一遍单词，所以这一遍可以快速地进行，但又因为单词难度过高，所以很多单词都记得比较模糊。在第 2 遍记忆中，如果不能快速反应出某个单词的意思，就要再复习一遍这个单词的解释。其实，我在第 1 遍记忆中已经记住不少单词了，所以需要再次核对意思的单词数量会比第 1 遍记忆时少上一些，记忆所需要的时间也会比第 1 遍记忆时有所缩短。第 1 遍记忆的时候，每天记忆 400 个单词，一共花费了 10 天时间；第 2 遍记忆的时候，每天可以复习 580 个单词，所以记忆 4000 个单词的任务可以在 7 天内完成。

在第 3 遍以及后续的记忆过程中，我也重复了同样的记忆步骤，所以慢慢转化为长期记忆的单词的数量也在随之增加，单词记忆的正确率也在慢慢提高。从最后的结果来看，第 3 遍记忆用时 5 天，第 4 遍记忆用时 3 天，第 5 遍记忆用时 2 天，而在第 6 遍和第 7 遍记忆时，我每天可以完整复习所有的 4000 个单词。

按照上述节奏，我在 1 个月内将 4000 个单词重复记忆了 7 遍以上，实际上重复记忆了大约 10 遍，最终我成功记住了这 4000 个高难度英语单词。**之前在满分 800 分的 Verbal 部分我只考了 280 分，但背完单词后我的成绩提升到了 620 分，在往年参加考试的日本人中从未有人获得过如此高的分数。**最初我给自己定的目标是 600 分，所以我成功达成了自己的目标。

我在托福考试和 GRE 考试中取得高分的最主要原因是，我认真实践了 "记忆 1.0" 中的记忆方法，最终我也顺利考上了哈佛大学的研究生。其实，我在第一次申请哈佛大学时惨遭失败，内心非常不甘，我当时完全没有运用 "记忆 1.0" 中的记忆方法，所以导致托福和 GRE 的分数都很低，最后以失败告终。反思自己失败的原因后，我最大限度地运用了 "记忆 1.0" 中的方法，最终实现了考上哈佛大学的梦想。

我这个人其实并不具备什么特别的记忆力。就像我介绍的一样，我最终获得成功是因为踏踏实实地运用了每一个记忆方法。一个月记忆 4000 个高难度英语单词的任务可能有些极端，但这一目标也是有可能实现的，我的成功案例就可以给大家作为参考。

 要点 发挥"记忆1.0"的精髓，即使目标再困难，也要勇于挑战！

026

通过所有考试：
"记忆1.0"的超级总结

在"记忆 1.0"中，我总结了一些既富有策略性、效果又十分显著的记忆方法。当你有明确的记忆目标时，比如当你想要通过考试或学习外语时，你可以尝试运用这些记忆方法。"记忆 1.0"中主要对输入型记忆术进行了叙述，而输入型记忆术指的是把必要的知识和信息输入到自己的大脑中，然后作为长期记忆留存于大脑中的记忆方法。

高效记忆的第一步在于活用各种感官，不仅要用眼睛盯着文字进行默读，还要动手进行书写、出声朗读以及聆听自己的声音。为了将记忆和图像联系起来以巩固长期记忆，我们还可以画出能够表现语言含义的图画，或是通过在网络上搜索图像来给自己留下印象。此外，利用谐音、歌曲辅助记忆不仅可以让我们愉快地记住那些又长又难记、顺序又固定的知识点，还便于我们将短期记忆转化为长期记忆。只要在知道一些富有技巧性的记忆方法后付诸实践，我们就能够大大提高自己的记忆能力。

人的属性之一是健忘，在将短期记忆转化为长期记忆的过程中，最重要的是多次重复。在记忆新知识时，不要只是认真地记上 1 遍就结束，而是要尽快重复 7 遍以上，这样才能让记住的信息转化为长期记忆。很多人都会在这个地方犯错，大家都想记上 1 遍就全部掌握，然而往往会遭受挫败。学习过 1 遍后，多多少少有些忘记也没有关系，最重要的是要保持积极的心态，快速地进行重复，并且要多重复几遍。在记忆的过程中还应该定期地、有计划地加入一些检查环节，比如自己进行小测试或模拟考试等，客观地对自己的记忆成果进行确认与评价。这种做法不仅能够让我们更正确地把握和分析自身的实力，还可以通过正式的输出来巩固记忆。

　　另外，在掌握了记忆诀窍、制订好实现记忆目标的策略和计划后，最后一步就是要确立每天的记忆日程。人们的日常生活都是由各种习惯所构成的，只要某件事情成了习惯，人们就能毫无痛苦地长久坚持下去。所以，我们可以认为坚持就是帮助我们实现人生理想的一大力量。在平日的某个时间里，坚持去做相同的事情，并且随身携带可以在空闲时间进行记忆的学习用品。到了周末，花时间进行记忆的同时也要结合自己的兴趣爱好放松一下身心。只要有一定的规则和日程安排，我们就可以切实地进行记忆实践。与此同时，我们无须削减自己的睡眠时间，也没有必要在身体上勉强自己。我们还可以摄取一些有利于记忆的健脑食品，高效地进行一些肌肉锻炼和心理训练，这些对于记忆都会大有帮助。此外，饮酒过量、过度使用智能手机、过度的压力等都会给大脑造成损伤，不利于大脑记忆，所以我们要下意识地避免这些情况的发生。

只要大家能够一步一步地认真实践"记忆 1.0"，那就一定能够感受到显著的效果，"记忆 1.0"也会成为助你顺利通过所有考试、实现所有目标的力量。对我来说，我运用了"记忆 1.0"中的记忆方法，成功考上了东京大学和哈佛大学，同时掌握了英语和韩语，并且在 1 周到 1 个月的时间内顺利通过了自己必须要达标的资格考试。大家在今后如果有想要通过的考试、想要实现的记忆目标，就来尝试一下"记忆 1.0"吧，相信大家一定都能收获自己想要的成果。

　　冰冻三尺，非一日之寒；滴水穿石，非一日之功。罗马也并非一日就能建成的。首先，请勇敢地迈出"记忆 1.0"的第一步吧。

第 2 部分 "记忆 2.0"

适用于所有商业场合的
超强输出型记忆术

在今后的时代中，我们的必要武器——"记忆力"

　　在第 1 部分中，我把以通过考试、达成外语学习目标为目的的记忆术总结为"记忆 1.0"。在当今社会，检索技术迅猛发展，仅靠传统的记忆方法是无法融入这个时代的。有人为此深感不安，还有人认为，既然利用互联网可以瞬间检索到答案，那么人的记忆力也就没什么必要了。但我认为，随着时代的发展，虽然传统意义上的记忆力的重要性在慢慢减弱，但在其他方面，高质量的记忆力将会拥有更大的机遇。

　　那记忆力究竟是什么呢？记忆力是指**拥有丰富关键词和参考信息的知识储备，以及输出这些知识储备的能力**。我们在大脑中进行检索时，大脑会匹配出很多相关信息。有效的检索能够提升我们查找到有效信息的概率，同时还能够让我们有效利用这些信息。反过来说，如果我们不能有效地进行检索，那么即使脑海中储存了有用的信息，检索到该信息的可能性也会大幅降低。

　　以前，我们把有用的信息储存在自己的头脑中，在此之后，无论遇到什么情况，我们都可以自由运用这些知识储备。然而在信息化的时代，我们完全可以从网络上的无数信息中检索到对自己有用的信息，这种"检索能力"才是我们更加需要的武器。

检索的第一步在于"关键词"。为了提高我们的检索能力，最重要的是要拥有更多的关键词。**如果我们的脑海里没有储存关键词，那无论检索多少次，都不会找到相应的信息。**如果脑子里储存有 100 个关键词，那我们就可以进行 100 次检索，从而得到很多相关信息。或者我们还可以根据检索的目的，选择更为准确的关键词进行检索，这样能够大大提高获得有用信息的概率。但是，只用一个关键词进行检索是完全行不通的。仅仅检索一次，并不一定就能找到自己想要的信息，而且也不能根据目的适时改变检索策略，找到有用信息的概率就会降低。

🖉 不懂英语是一个非常吃亏的理由

让我们稍微改变一下视角吧。如果我们只用日语关键词在网络上进行检索，那匹配出来的也就只有日语网站，能查找到的也只有日语信息。但是，如果用英语关键词进行检索，即使关键词的意思相同，我们也能够检索到英语网站中的相关信息。互联网上的信息有 52.3% 都是英语信息［数据来源于 W3Techs（一个网络技术调查网站），截至 2018 年 5 月］，而日语信息只占整体的 4.2%。也就是说，英语信息量和日语信息量间有 12 倍以上的差距。**如果我们能够具备使用英语关键词进行检索的能力，那我们能获得的信息量将超过以往的 12 倍。**此外，我们还能够查阅到最新的趋势、专业信息、更广泛的市场以及地区和行业的信息。

即使我们并没有像母语者那样完全掌握英语也没有关系，只要拥有较多的英语关键词，我们就能够查阅到比只用日语关键词检索时更多的信息量。而且，如果我们具备一定的英语阅读能力，马上就可以收集到这些信息。即使英语阅读水平不太过关，我们也可以运用翻译软件来充分理解信息。

今后，如果我们能在"万能抽屉"中储存更多的关键词和参考信息，那我们能够活用的信息的数量和质量都将是现有水平的 10 倍，甚至 100 倍。

多多运用记忆力的"万能抽屉"吧。当我们在商务、实际业务等各种场合中进行记忆输出时，"万能抽屉"能够给我们提供极大的帮助。在本书中，我把信息时代所要求的新时代记忆术称为"记忆 2.0"。那么接下来，就让我为大家详细介绍一下"记忆 2.0"的内容。

"万能抽屉"

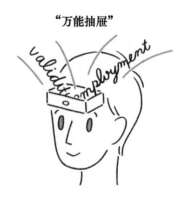

要点

"万能抽屉"中的储存量越多,我们能够活用的信息的数量就会越多,质量也会越高!

从应试记忆到商务记忆

想必大家都听说过这样一句话："即使一个人毕业于东京大学，也不一定代表这个人的工作能力很强。"我也听说过这句话，明明在考试上能够取得非常傲人的成绩，到了商务场合却做不出什么实质的成绩；明明记忆力十分超群，但并没有取得什么工作成果。社会上经常会出现这种情况。

我在第 1 部分介绍了如何在考试和外语学习中取得成效的记忆术——"记忆 1.0"。如果好不容易运用记忆术通过了考试，却不把这些记忆术继续运用在工作和实际业务上，不得不说这简直是一种浪费。人们普遍认为，创造力、想象力、交流能力、行动能力和逻辑思考能力是在工作中取得成果最为重要的 5 种能力，事实上也确实如此。但这些能力并非和记忆力完全无关，如果我们提高了记忆力，那么我们的创造力、想象力和交流能力等也会得到提高。

✏️ 最好的记忆力能够培育出最好的创造力

说起记忆力和创造力，人们也许会认为这两者之间并没有什么联系，但事实并非像大家想象的那样。实际上，**我们在大脑中储备的基础知识、可使用的信息量以及"万能抽屉"的丰富程度都是培育创造力的重要材料。**

日本将棋棋士羽生善治曾指出：在将棋中，棋手要具备预测下一步棋的走法的能力、评判棋局的能力以及想到新走法的能力。此外，好的记忆力也会对提高将棋水平有很大的贡献。比如，羽生先生曾说过下面几句话。

> "哪怕只是记错一步棋，也有可能对整盘棋造成致命的伤害。棋手必须正确无误地记住所有 40 枚棋子的位置。""用曾经经历过的局面来判断类似的局面，或者把当时对局时的思考方法提取出来，运用在新的棋局上。"（摘自羽生善治的《活用棋局经验，摆脱"学习高速公路"上的拥堵》）

在将棋中，一些棋手会用独具创造性的走法打败对手，这是因为他们在记住了所有 40 枚棋子的位置和动作的基础上，利用过去的棋局经验做出了全新的判断。**通过记忆，我们可以在大脑中构筑过去的基础信息数据库，让自己处于一种无论何时何地都能从"万能抽屉"中提取信息的状态，这样我们才能够在关键时刻采取有效的措施，最终提高自己的创造力。**

不管是在将棋还是在商务场合中，道理都是一样的。即使所有问题都没有唯一的正确答案，为了能够从多个选项中做出最恰当的判断、采取最有效的手段，我们必须具备丰富的知识储备以及能够有效利用这些知识储备的能力。

比如在商务场合中，我们必须记住每一位同事和顾客的长相和名字。除此之外，能否记住公司、部门和负责人所面临的课题和需求也会对我们的营业成绩造成较大的影响。当然，**即使具备了外在技术环境，能够将信息储存在我们大脑的数据库中，并且能够进行参考和检索，但最终头脑中能够拥有多少知识储备也因人而异。**我们可以把公司的产品、服务目录和资料展示给客户，也可以把上面的信息读给客户听，但如果我们能将信息牢牢地记忆下来，根据对方的需求进行当场说明，那我们就能够挖掘出可能存在的商机。当我们面临不同的课题时，我们会有相应的对策和解决方法。当我们面临选择时，如果我们关于商业做法的"万能抽屉"中的知识储备足够丰富，我们就能知道做法 A、B、C 中哪一种比较适宜，从而做出正确的判断和行动。在上述的商务技能中，我们完全可以好好运用一下自己的记忆力。

通过运用"记忆 2.0"中的记忆方法，我们不仅可以丰富大脑中"万能抽屉"的多样性，还可以提高随时准确活用这些知识储备的输出能力，从而把在考试等场合中培养的记忆力应用于商务场合，最终在工作上取得成效。

要点　记忆力也可以应用在商务场合中，它可以突显出我们与他人的不同之处。

029

彻底输入后立即输出，循环操作可以提高工作成效

我在"记忆 1.0"中已经介绍过，对于记忆来说，比起只是为了记忆而记忆的单纯输入，将记住的东西反复输出，通过考试写一写，或是找个机会进行口头表达，更容易把短期记忆转化为长期记忆。

在商务场合中也是如此。业务的推进方法、行业知识、客户信息及交易往来上的数字，如果这些内容只局限于纸上谈兵，那么即使想把这些信息记忆下来，也很难记牢。因此，很多公司都采取了 On the Job Training（在职培训，简称 OJT）的培训方法，即公司新人在开展新业务的同时，由上司和前辈进行指导，以便尽快适应工作。这种培训方法就是，**通过反复进行业务上的输出，把知识和信息输入大脑，在理解的基础上巩固记忆**。

但是，这种方法也存在一定的缺陷。因为新人是在初次尝试工作业务的同时进行记忆，所以工作成效也会被上司和前辈的能力所左右。如果给予指导的上司对业务十分熟练，则为最佳；但如果不是这样，很可能会导致新人不能充分学习业务上

所需的知识。此外，在现代社会中，时代变化的速度越来越快，上司并不一定具备所有必备的知识和信息。尤其是随着网络技术的迅猛发展，年龄较大的人往往跟不上时代的发展趋势，适应不了新技术和生活的变化。

✏️ 从"依赖公司"到"自行开拓"

通过在职培训，新人虽然可以学习、记忆如何沿袭公司和所在部门以往的工作方法，但是仅凭这些，新人无法充分学习、吸收今后所必需的新知识和信息。因此，除了在职培训以外，新人还需要有意识地进行输入和输出，扩大自己能够应用在商务实践上的独特关键词和知识储备。

为了自己的业务能力不被偶然分配给自己的部门上司和前辈的水平所左右，同时也为了自己能够了解到业界的第一手信息和现有的知识体系，我们应该自行进行信息输入。比如，我们可以参加外部研修和研讨会，学习并通过资格考试，积极阅读相关书籍、业界杂志和网络上的报道等。新人初入职场，最好在最初的 3 个月到半年的时间内，通过自己的努力，进行彻底集中的信息输入。这样，职场新人就能够实时融合每天在业务输出时所记住的实践性知识和通过研讨会、阅读书籍等渠道输入大脑的理论知识，同时巩固记忆，将这些信息转化为可以应用到实践中的知识储备。

✏ 打造循环式学习状态

我刚走进社会、步入职场的时候，被分配到了公司的宣传部门。当然，这也是我第一次进入这个行业，第一次加入一个公司组织，也是第一次专门从事宣传工作。在所谓的职场培训中，上司和前辈教授了我工作的方法，但我认为这远远不够，所以还自行进行了信息输入。

我在书店里购买了与宣传相关的书籍，涵盖零基础到高水平的所有阶段。我还在网上购买了评价较高的相关书籍，在最初的 3 个月里我读了 20 多本书。另外，我还参加了 10 次相关的研讨会，讲座的内容有培养宣传负责人、探讨如何举行宣传会议等。在研讨会上，我从一线讲师的讲解中了解到，仅从每天的业务工作中无法充分把握宣传行业的全貌，也听到了一些其他公司的事例。作为最初的信息输入，这些知识在我的工作中发挥了巨大的作用。我还因为受到了讲座内容的启发，开拓了自己的思路，把获得的一些知识应用到了业务上。此外，我还参加了日本公共关系协会举办的资格考试，取得了 PR 策划者（公共关系策划者）的资格认证。

虽然我们可以在业务中进行实践性输出，**但如果能通过资格考试等途径接受来自第三方的客观评价，进行理论性的输出，我们就能够拥有系统性巩固所学知识的机会。**

通过阅读书籍、参加讲座、考取资格认证等方式，我们可以从理论上将业务所需的知识和信息彻底地输入大脑，并立即将记忆下来的内容应用到业务工作、信息输出上，这样我们既能够大大提高输入和输出的协同效果，也能从质与量两方面提高记忆的成效。

此外，从上司并不一定跟上了时代变化的速度这一观点出发，我们可以从进入职场的第 1 年开始尝试——把自己学到的东西作为新事业的发展方向。比如，我提议在网上开设官方频道、录制视频、发布公司的最新消息等。在此之前，公司的宣传部门虽然会在官网和官方博客上更新状态，但并未从视频入手进行宣传，这是因为公司没有这方面的预算。然而在信息技术高速发展的今天，在线进行视频宣传早已受到全社会的关注。因此，当我提出在网上进行视频宣传的方案时，领导表示了应允，公司决定立刻开始视频宣传事业。因为我本人不会摄影，公司也没有相关预算，所以我用原本用于记录的摄像机在海外出差的地点进行了简单的拍摄，再把影像导入电脑，花费数小时用视频软件进行剪辑加工。一开始的时候，我自学了剪辑视频的方法，自己剪辑宣传视频。等宣传事业慢慢步入正轨后，公司将业务委托给影像编辑等专业人士，同时召开了面向全体职工的摄影讲座，在全公司建立了视频宣传的体制。

在彻底阅读并研究了有关如何在网上进行宣传的书籍、报道以及先进案例后，我把这些信息全部输入了大脑。如果只是在日语网站上检索相关信息，我们只能获得不到 1/10 的信息量。在日本，当时各企业和团体并未开始使用网络视频宣传，所以不仅在公司内部，就算放眼整个日本国内，我的相关知识储备也是首屈一指的。结果，公司的相关宣传视频在全世界范围内的播放量超过了 100 万次，而且被 BBC（英国广播公司）等媒体引用。公司在这项事业上取得了一定的成功，而这只是这项事业刚开始 3 个月后的成果。

除此之外，我还启动了很多新的项目。无论哪一个项目，我都是先将关键词输入大脑，然后将大脑中的知识储备应用在业务实践中，最终推动了事业的发展。**即使周围任何人都没有相关知识和经验，只要我们能够集中、彻底地进行信息输入，然后把自己头脑中的知识和信息立即应用在商业场合的输出上，我们就能够站在这一领域的前沿。**

先通过参加讲座、阅读书籍、考取资格认证等方式进行彻底的输入，再将获取的知识运用到改善业务模式、启动新项目上，立即进行输出。不断地重复输入和输出，打造出一种两者能够循环往复的状态，这样做既能够加快商务场合中实践性记忆和学习的速度，也能扩充我们可以用在实践中的关键词库并提高"万能抽屉"的质与量。

要点　增加彻底输入后即刻输出的实践机会，给自己创造一种循环式学习的状态吧！

输出型记忆的关键——
让自己成为"宣传大使"

在这本书中我多次重复到，输出有助于巩固记忆。**输出有一个终极的实践方法，那就是把自己学到的知识教给别人。**以简单易懂的形式，我们可以把自己学到的知识教给那些没接触过这些知识、不懂这些知识的人。在教授的时候，我们会反复强调知识的要点，详细说明容易出错的地方，言简意赅地讲解该知识的理论构成。在这个过程中，我们不仅可以整理自己头脑中的逻辑，还可以通过反复输出使大脑认识到这些信息的重要性，促使大脑把这些信息转化为长期记忆。所以说，把自己会的知识教给不懂这些知识的朋友是一个非常好的学习方法。

"记忆 2.0"的精髓在于把记忆方法应用到工作中。在商务场合中，我们每个人都能获得教导晚辈和部下的机会，除此之外，其实还有很多其他的输出机会。比如，我们会向外界人员介绍自己公司的组织构成和项目，有时候我们还需要做汇报或是讲课。除了以口头形式进行输出外，我们还可以通过书面形式进行输出，比如撰写会议纪要、项目内部文件、面向外界的新闻报道等。通过有效的输出，我们可以把能够运用到的关键词和知识储备输入大脑，从中长期来看，这种做法可以促使我们创造出更多的工作成果。在这种输出的过程中，最重要的一点是要做到让初次接触这些知识的人也能轻松理解，并且还能给他们留下深刻的印象，所以在输出时我们一定要做到言简意赅。此外，**我们还可以把"记忆1.0"中的记忆方法以反向思维的方式应用到这里，比如教听众利用谐音、结合图像、搭配歌曲的方法进行记忆**。这种做法不仅能让我们把知识有效地传达给别人，还能够营造出更好的现场教学效果，同时还能够巩固我们头脑中的知识，让这些短期记忆转化为可以长期活用的知识储备。

在宣传部门工作的时候，我经常要撰写新闻公告和接受媒体的采访，有时候还需要自己去采访，采访完后再撰写文章，有时候还会拍摄视频上传到社交平台上。在对公司国内外各领域的事业进行宣传时，我会在输出实践上做到简洁精练，这样既便于外界人员理解，也能给他们留下深刻的印象。哪怕只是一个标题，我也会精心应用谐音记忆术，把朴素的业界用语转化为能够震撼媒体和读者心灵的文字，或者应用图像记忆术，想方设法用一张照片传达出整个项目的特点。

从入职的第1年开始，我就掌握了公司所有事业的发展情况，并且记住了公司的特征、核心数字和关键人物等信息。此外，除了对公司业务进行全方位的宣传外，为了探索出最佳的媒体报道方式，我还会特地往大脑中输入最新的社会发展趋势和社会课题倾向等，与此同时我还会进行输出实践。在实践中，我切实感受到自己大脑中的关键词和知识储备得到了急速的扩充。

当我被分配到公司的其他部门时，或者当我进行个人活动时，我都在实践着我从工作中收获的宣传经验。比如，最近的奖学金问题受到了社会的广泛关注，因为我个人就是"借贷型"奖学金的当事人，所以我擅自把自己任命为奖学金的"宣传大使"。当我通过博客和媒体发布有关奖学金制度的问题分析的文章时，我的信息输出质量不断提高，不知不觉中我就上升到了奖学金制度"专家"的位置。而且我还以奖学金为主题，出版了名为《现在让我们谈谈真正的"奖学金"吧》（白杨树新书）的一本书。此外，我还收到了日本学生支援机构的邀请，作为讲师对相关政府官员、职工进行了宣讲。**我意识到了自己身为"宣传大使"的职责，在向他人传达信息时我会尽量保证语言的通俗易懂。在宣传的过程中，我不仅提高了自身信息输入和输出的质量，而且取得了相当不错的实际成果。**

"记忆 2.0"与工作成果紧密相连，它的要求之一就是我们在输出实践中要简洁精练地向不熟悉该领域的人传达信息，给他们留下深刻印象。在实践中，我们要多多运用这种方法，无论做什么事情，都要意识到自己"宣传大使"的身份，积极主动地向外界传达信息。

要点 通过教授别人，让自己长期保持学习的状态。

写写书评，
让记忆"活"起来

在工作中，我们经常要进行记忆输出，比如在一些场合中，我们需要对自己所负责的工作进行说明和介绍。在实践中，任何人都会进行不同程度的输出，所以我们很难在这些地方和他人产生差距。最容易与他人产生差距的地方是我们能否自行输入以及能否将自己的知识储备应用于实践。

比如说，阅读书籍、行业报纸、杂志以及网络报道等都是自行往大脑中输入信息的过程，但仅仅阅读是完全不够的。**如果读过 1 遍就满足了，那么随着时间的推移，我们会忘记看过的内容，在这种状况下，阅读过的信息完全没有升华为与工作成果直接相关的实践性知识。**阅读后，将获取的知识以简单易懂的方式教授给没有接触过相关知识的人，通过这种输出，我们能够将知识转化为长期记忆。在商务场合的关键时刻，遇到能够运用这些知识的机会时，我们就可以尽情发挥了。

其中，**读完书后以写书评的方式进行实践输出**也是一个十分有效的方法。在写书评的时候，为了能够简洁明了地向其他没有读过相关书籍的人传达信息，我们要尽量选择一种能让更多人阅读到这篇书评的方式，在博客上写书评就是一种十分有效的方法了。很多人会通过阅读书籍来进行信息输入，多阅读一些书籍是一件非常棒的事情。但在实际生活中，很少有人会以通过写书评，把自己读过的书的要点传达给更多的人的方式进行信息输出。近年来，社交网络十分盛行，越来越多的人会在微信、微博等社交平台上上传书籍的照片，而读完书后还能写书评的人却很少。通过写书评来进行信息输出，我们可以简洁凝练地把书中的要点总结出来，通过逻辑性的说明介绍，将信息转化为大脑中的长期记忆。从中长期来看，这种输出会对我们产生非常大的帮助。当某些信息的输出频率很高时，人的大脑就会把这些信息当成很重要的信息，从而加深对这些信息的记忆。只有从短期记忆转化为长期记忆时，这些知识才会成为你能够用在关键时刻的大脑储备。

有一次，在我和松冈正刚先生见面交谈时，我被他知识储备的广度和深度深深折服了。松冈正刚先生的知识源泉应该是来源于书评网站，他一直都在网上坚持写书评。截至 2018 年 5 月，他已经写了超过 1000 篇的书评。如果让大家一下子写上 1000 本书的书评，大家可能会觉得束手无策，但如果**每月更新一篇博客书评**呢？选择一本你当月读过的印象最深的书，写写书评，进行记忆输出吧。坚持 1 年，我们就能写下 12 篇书评；坚持 5 年的话，我们就能写下 60 本书的书评了。比起只是单纯地阅读书籍，写书评能够更好地巩固我们的记忆，并且能够让知识"活"起来。

此外，假设一篇书评大约有 1600 字，那么 60 本书的书评大约就有 10 万字，这个数字已经相当于 1 本书的字数了。每月进行一次书评输出，任何人都能做得到，而且只要坚持 5 年，我们就能够积累下大约 1 本书的知识储备了。既然都能达到出书的水平了，那自称该领域的专家也不为过。

截至目前，我一共出版了 12 本书，其中大多数的思路和想法都来自博客上的信息输出。我会定期在博客上进行信息输出，比如针对自己的专业领域和感兴趣的领域写写书评，或者看完新闻报道后写写评论。通过这些方法，我积累了很多可以长期使用的有用信息，所以我才可以不断地出版书籍。

"记忆 2.0"适用于几乎所有商业场合，这一小节的要点在于如何在自己的生活中养成定期进行信息输出的习惯。我希望大家都能实践一下通过写书评进行信息输出的记忆方法。

要点 从现在开始每月写一次书评吧！书评中的知识会让你受益终身。

032

把博客变成自己的大脑数据库，多多积累知识

当今时代是检索的时代。无论想要查找什么内容，只要在互联网上检索，我们瞬间就能够获取想要的信息，这也意味着检索的关键在于我们拥有怎样的检索关键词。任何人都可以在互联网上进行检索，仅凭这一点，人和人之间很难产生差距。

如果我们能在自己的大脑数据库中进行检索，那情况又会是怎样呢？我们收集的信息和学习的知识，一部分会随着时间的推移被遗忘，而另一部分则会被作为看不见的知识积累在大脑中。无意中回想起那些积累起来的知识、记忆下来的信息，并将这些信息串联起来——我们可以把这种状态称为思考性的输出。把信息和知识积累起来并保存进大脑，在想要使用这些信息的时候，从大脑的"万能抽屉"中进行提取，这些都是通过大脑自主完成的。

话虽如此，但随着时间的推移，很多情况下我们会遗忘一些信息，当我们想运用那些好不容易积累起来的知识时，有时却怎么也回忆不起来。为了完善大脑的自主功能，有些方法可以在大脑数据库进行关键词检索时发挥效果。**我们可以把自己的见解认认真真、勤勤恳恳地输出到博客上，把积累下来的信**

息作为自己的大脑数据库，当思考方案的时候，我们便可以在自己的博客内进行检索。

比如，我们阅读了 100 本书，读过了，满足了，但经过一段时间后，我们很可能会忘记书中的内容，那么难得的信息输入也就丧失了意义。但是如果能通过写书评的方式进行信息输出，那我们就可以把记忆转化为 100 篇博客文章积累起来。在信息自行输出的过程中，我们能够将短期记忆转化为长期记忆，在增强记忆效果的同时还可以把这些知识积攒起来。此外，在想要得到一些灵感的时候，我们也可以在这个数据库中进行检索，找出总结了自己见解的相应的博客文章。比如，我们想利用社交网络开展宣传和营销，但怎么也想不出行之有效的办法，这时我们可以在网络上进行检索。此外，我们还可以用关键词在自己的博客中进行检索，找到自己写的相关文章，从文章中我们就可以毫无遗漏地回顾相关书籍中自己觉得有趣的地方以及自己的所思所想。通过阅读相应的文章，我们不仅可以重读自己感兴趣的书籍，同时还可以从博客中所写的相关关键词出发，在互联网上再次进行检索。通过上述的做法，我们可以灵活高效地活用自己积累下来的知识。

再比如，我经常就奖学金和教育政策写一些博客文章。在写新的文章时，当我思索"那个数字是什么来着？""如果要总结政策建议的话，能举些什么例子呢？"等问题时，大多数情况下，我会在自己的博客内进行检索。通过活用这些知识储备和检索功能，我成功出版了《现在让我们谈谈真正的"奖学金"吧》这本书。当我在演讲的时候，博客文章有时会变身成为我的"段子库"。我在博客上积累的不仅仅是书评，还有一些工作上的事情、日常生活中的感受、电影观后感、旅行时的发现等各种各样的思考。如果只是毫无想法地度过每一天，那么生活中所迸发出的一个又一个灵感总有一天会被我们遗忘。所以，我们可以把这些输出性的思考积累起来，建立一个可以随时检索的数据库。

如果一些信息不能公开发表在博客上，就不用非得保存在网络上，我们可以把这些信息保存在自己的电脑上，在需要的时候直接在电脑上进行检索。"记忆 2.0"这门记忆术并没有要求我们把全部任务都交付给自己的大脑，我们可以灵活运用信息的保存和检索技术，从而在商务实践上大展身手。

要点 把积累的知识写进博客，方便自己随时检索和提取信息！

033

准备好极富魅力的
自我介绍

　　无论是在商务场合还是在日常生活中，自我介绍都是我们最常做的事情之一。**要想在事业上取得成功，最重要的一点是要通过自我介绍让对方了解到自己是个怎样的人，并且让对方感受到自己的魅力。**

　　话虽如此，但很多人通常不善于展示自我。有人认为，如果自己表现得过于骄傲自满，可能就会遭人排斥，很难与他人亲近。大多数人往往会采取回避展示自我的做法，在做自我介绍的时候，只会报上自己现在所属公司的名称、部门名称和自己的名字，或者只是交换一下名片。刚开始寒暄的时候，做到这种程度也许恰到好处，但如果想让对方成为自己的事业伙伴，想让对方继续使用自家公司的产品或服务，对方就会在意我们到底是怎样的人。虽然对方已经知道了公司以及商品的情况，但有时候也会苛刻地看待我们的为人，比如我们是否值得信赖；如果和我们成为合作伙伴，是否会给他们带来好处等。在公司面试的时候，面试官也大多拥有这种想法。再如，当我们在众人面前演讲或汇报的时候，作为说话者，我们必须在一定时间内让观众对我们个人产生兴趣，从而给观众留下深刻的印象。如果是在 2 ～ 3 小时的酒会上，我们也许可以把自己的事情唠唠叨叨说个不停，但在其他情况下往往我们只会有 3 分钟甚至 1 分钟的时间来做自我介绍。在这么短的时间内如何通过自我介绍给对方留下深刻的印象？在介绍自己的时候如何做到既富有个人魅力又不显得骄傲自大？如果事先没有做好充分的准备，谁都不可能将这件事情做得完美。

✏️ 极富魅力的自我介绍需要事先准备

在上述情况下，记忆会对我们产生极大的帮助。在进行 1 分钟或者 3 分钟的自我介绍时，不仅仅要谈及自己所在公司和部门的事情，还应包含一些能和对方产生共鸣、会让对方觉得我们十分亲切的共通点，一些会让对方觉得我们可靠的客观成绩和迄今为止的经验、未来的蓝图和目标等。在自我介绍前，我们需要对这些方面进行简单的总结，并且准备好要介绍的内容，然后把自我介绍背下来，提前练习，做好准备。

史蒂夫·乔布斯在斯坦福大学毕业典礼上的演讲被称为"传说中的演讲"，在世界范围内广受好评，他的演讲在网上的总播放量约有 3000 万次。乔布斯的演讲既是对毕业生们的寄语，也是他基于半辈子人生经历所做的自我介绍。乔布斯演讲的内容包括亲生母亲把他交给别人抚养，大学中途退学时习得的艺术字设计知识在 10 年后开发麦金塔计算机时起到了很大的作用；还有他在 30 岁时被赶出自己一手创建起来的苹果公司，那段时期恰好成了他人生中最富有创造性的时期，当他回顾自己的人生时，他认为"这是所有可能发生的事情中最好的事情"。后来，他创立了动画制作公司皮克斯动画工作室，再次回到苹果公司经营者的位置上。此外，还有他在一年前被诊断患有癌症的事情。由于他考虑到自己将在不久之后迎来死亡，所以他把每一天都当作人生的最后一天，跟随自己的心和直觉率性而活。在这段演讲中，乔布斯一边对自己半辈子的人生经历娓娓道来，一边向毕业生们传达着最为重要的信息。演讲不到 15 分钟，却撼动了世界上无数人的心灵，对很多人的人生都产生了深远的影响，可谓传说中的自我介绍。乔布斯不仅在演讲前准备了讲稿和笔记，他在演讲中还非常自然地融入了自己的情绪。

很多人在商务场合进行自我介绍时，或者在有很长准备时间的商讨会上发言时，会因为没有提取要点而导致发言过于冗长；在演讲的时候，则会发生毫无感情、原封不动地念稿的情况。毫无疑问，这两种做法都无法让听众感受到说话人所拥有的个人魅力。在做自我介绍之前，要事先思考自己想向对方传达自己的什么特点，提前做好准备，把想要说的内容记忆下来。在进行自我介绍时，要不留记忆痕迹、语气自然地表达出自己想要表达的内容，这样才能给对方留下深刻的印象。

每次都重新组织自我介绍的内容是一件非常麻烦的事情，所以**我们可以根据准备的时间、自我介绍的目的、对方的身份等提前准备几篇不同版本的自我介绍**。在理解自我介绍逻辑构成的基础上出声反复练习，把一篇简短的自我介绍记忆下来不是一件难事，大约练习 7 遍我们就可以背下来了，此练习过程花 30 分钟就完全足够。另外，在实际进行自我介绍时，每次实践都是一次练习的机会，所以即使没什么准备也要做到自然地介绍自己。

虽然自我介绍这件事情十分简单，但最终的效果也会产生很大的差异。如果只是得过且过地做完了自我介绍，完全没有展现出自己的个人魅力，那过不了多久对方就会忘记我们；如果我们能够进行富有魅力的自我介绍，就能给对方留下深刻印象，成为值得对方信赖的人。记忆一些知识或信息并不只是为了考试，在其他方面也会对我们有所帮助。请大家尝试一下这种实践型自我介绍记忆术吧，这将有助于我们取得更大的工作成果。

要点

为了获得他人的信赖，事先记忆一下自我介绍吧！根据不同的场合，多准备几篇不同的自我介绍。

演讲时要抓牢
故事情节和图像

　　如果我们能够进行富有魅力的自我介绍，那么在商务场合中也就能够有效进行相关的工作介绍和商品介绍了。准备说明材料，然后照着材料内容一字不差地读出来，这谁都会。这与直接把材料发给对方、让对方直接阅读相比，在效果上几乎没有任何差别。

　　在介绍自己工作的时候，如果能增加一些附加值，你的语言就会更具有魅力，在能够打动对方的同时，也能在理论上让对方信服。原封不动地读出材料中的内容，永远不会打动人心。**演讲的时候，如果视线没有对准听众，而是低着头、垂着眼、看着稿子照读，即使内容再丰富，听众的内心也不会泛起波澜。**有人认为，即使事先什么也没有准备，只要当场能够在允许的时间内说些既有逻辑性、又能打动人心的话就行了，但是现实情况并非如此。不管说话人是否擅长表达，要想用自己的演讲打动人心，或者在介绍自己的工作时获得相应的商业成果，**就要在精心准备演讲稿的同时进行记忆，并且把稿子的内容转换成自己的语言。**

　　在前一小节中，我列举了世人皆知的天才——史蒂夫·乔布斯的例子，他不仅创立了苹果公司，开发出了麦金塔电脑和苹果手机，而且作为天才演讲家也十分出名。在斯坦福大学的毕业典礼上，乔布斯讲述了自己半辈子的人生经历和人生格言；在苹果公司的新品发布会上，乔布斯也进行过多次传奇性的发言，引发了社会的广泛关注。与其说乔布斯是一位演讲天才，倒不如说他在演讲前做了相当精心的准备。在整个准备过程中，一开始他会先准备演讲稿，在练习之后不断进行彩排，最后不看讲稿进行演讲。据说，他进行演讲彩排就整整花了两天的时间，此外还进行了一两次和正式演讲同等规模的彩排。为了能够回忆起演讲的内容，他有时候会带着笔记，但这并不是为了直接照读讲稿。如果乔布斯是在没有任何准备的情况下进行了传说中的演讲，那么我们谁也模仿不了他的演讲技巧；但如果乔布斯在演讲的准备环节上花费了相当长的时间，那我们就可以把他的演讲准备方法应用在自己的演讲中。

此外，演讲的内容一定要包含下面这些要素：能够引发听众共鸣的故事，能够引起人们关注的问题，能够给人留下深刻印象的遣词造句，简单易懂且具有冲击力的数字，具体的情节和案例以及条理清晰的逻辑。在准备演讲稿的时候，我们要像制作电影一样，把所有细节都事先考虑清楚，准备好自己原创的工作介绍和商品介绍。如果我们能让整场演讲构成一个大的故事，那就可以轻松地给听众留下深刻印象，同时也方便自己进行记忆。正如"记忆 1.0"中介绍的方法一样，浮现在眼前的图像、印象深刻的语言、逻辑上的理解都能够辅助我们记忆。

在进行演讲练习的时候，一定要抓牢故事情节和图像。在演讲的正式场合中，多数情况下人们会用幻灯片代替笔记，所以练习时不用达到和讲稿一字不差的程度。但是，为了让自己的演讲打动人心，为了能够和眼前的听众进行眼神交流和直接对话，我们不能照着幻灯片上的文字读，我们要在回忆幻灯片内容的图像时将其用自己的语言表达出来。所以，我们最好的选择就是把演讲时要说的内容全部记在脑子里，达到几近能够背下来的程度。

✎ 4步快速达到最佳演讲水平

要想达到最佳演讲水平，**第 1 步是故事构成要通俗易懂，并且能够引发共鸣。**如果演讲的故事能够像电影和漫画那样形成画面感，整篇演讲稿就会易于记忆。**第 2 步是把故事写成演讲稿。**在写稿的时候，加入一些令人印象深刻的数字和关键词、具体的故事情节和事例，让演讲的内容更加丰富、更加吸引听众。讲稿完成后，**第 3 步就是出声练习。**在练习的时候不断对演讲稿进行修改和完善，让文字措辞更易于表达，删减一些解释说明过于冗长的表述。在 1 ~ 3 天的时间内把演讲稿练习 7 ~ 10 次。**第 4 步是像正式演讲一样进行彩排。**如果能够完整地实践好这 4 个步骤，我们就可以运用记忆术完成人生中的最佳演讲。

在某些情况下，客户会根据你的介绍来决定商谈的结果，那么在商务活动中进行一场最佳演讲就是我们最为重要的机会了。在公司内部，如果我们想向管理层提出自己的项目计划，就可以通过富有魅力的汇报来获得批准。最终能够打动人心的不仅包括准备好的资料和幻灯片，还包括我们发表时的说话方式与技巧。实际上，在完成演讲任务的过程中，记忆术在最重要的地方发挥了十足的作用。

"记忆2.0"在商务场合的重要场面中也可以进行应用实践。

 **要点** 彻底的记忆才是隐藏在令人感动的演讲背后的功臣。

将案例研究法
融入我们的血肉

当你思考商业策划案或做决策判断时，"记忆 2.0"会给你带来一定的帮助。商学院的课堂上经常会用企业的具体案例来进行案例研究，哈佛商学院也致力于推广这种被称为"案例教学法"的教学方法。

案例教学法是以记述有某组织某次具体课题的十多页教材为基础，学生们课前会事先阅读具体案例，然后在课堂上和同学们就该组织的立场进行透彻的讨论。教室里的学生来自世界各国，每个人的社会背景迥异，而且各自拥有不同领域、不同行业的专业知识，所以在讨论的过程中会涌现出各种各样的意见，讨论的过程就演变成了一种学习的过程。在这个学习过程中，学生们不仅学习了理论，还对具体案例进行了思考，陈述了自己的意见，和同伴进行了讨论；在这个过程中，学生们有很多信息输出的机会，所以从最终结果来看，知识也更容易留存在学生的记忆中。

在研究案例的过程中，知识会融入我们的血肉。当我们回归工作、面对课题时，或者当我们开展新的事业时，我们应该如何行动？又应该做出怎样的决策？从案例研究中获得的知识可以给我们带来具体的提示。

✏️ 自学也可以掌握案例研究法

实际上，即使我们不去商学院上课，也完全可以实践这种案例研究法。哈佛商学院出版社的官方网站上提供了许多哈佛商学院课程中使用的教材，人们可以单独购买某一案例的教材。虽然教材都是英文版的，但很多案例已经有了翻译版。比如，"星巴克：传递顾客服务""ZARA：快消时尚"等案例都已经有了翻译本。

星巴克案例的主要内容涉及两大块：应该如何考虑顾客的满意程度和企业销售盈利的关系并做出决策；是否应该以提高顾客满意程度为目标，对改善服务速度方面进行投资。在具体的商务情形下，假设自己站在了必须做出决策的立场上，思考自己应该如何处理这件事情，并以提供的材料为基础进行模拟行动和决策，进而掌握实践性的知识。我们可以在类似的销售案例中寻找一些自己感兴趣的案例或者可能与自己的工作有一定关联性的企业和领域的案例，自己试着进行模拟练习，学习就会变得更具实践性。

此外，除了哈佛商学院的案例教材，市场上也销售详细总结了企业成功或失败的具体案例的书籍。我们可以使用这些书籍进行案例研究，思考如果自己是案例中的经营者，自己会怎么做；或者如果自己的公司身陷困境，身为领导人的我们会怎么做，在得出自己的结论的基础上继续阅读会比单纯阅读获得更深的启示。

比如，担任麦肯锡日本分社社长、被称为日本经营顾问第一人的大前研一先生曾出版过类似的案例研究系列丛书——《如果你是某某公司的社长，你会怎么做？》，所有读者都可以轻松自学商学院中的案例研究。比如，如果你是美津浓[1]公司的社长、S&B食品公司的社长、日本经济新闻社的社长、日本国际协力机构的理事长，你会怎么做？这一系列丛书可以成为学习者自学时的材料，书中将读者定位为具体企业或组织的经营者，让读者把做出决策、解决组织所面临的课题当成自己的事情，从而进行思考。

"如果我是某某某，我会怎么做呢？"这其实是一种非常重要的思考方式。我们在学习的过程中得出自己的结论——如果我是当事人，我就会采取这样的解决方法，做出这样的行动。这样在进行信息输出时，思考的过程会把知识印在我们的脑子里，让知识融入血肉。

几年前，《如果高中棒球队女子经理读了彼得·德鲁克》一书曾荣登畅销书行列。这本书也像常见的辅导用书一样，要求读者理解记忆经营学理论。这本书把背景设置为高中棒球队这一"自己的事儿"的情形下，让读者进行真实体验，比如自己应该如何应对棒球队眼前面临的问题，自己又该如何行动，这是这本书大卖的重要原因之一。

案例研究法的重点是把具体的案例当成自己的事情，输出

---

[1] 日本最大的体育用品及运动服装制造商。

自己的想法，把思考的过程融入自己的血肉中。另外，除了学习读物，我们还可以从现实生活中听取他人真实的人生经历，把这些经历当成自己的经历进行思考学习，这也是非常有用的。如果这个人事业很成功，我们就可以咨询他成功前经历的过程、成功的主要原因，还有他是否遭遇过失败，以及克服失败、攻克难关的方法等，把获得的经验作为我们自己的知识，在实践中加以运用。即使很难获得与成功者进行一对一交谈的机会，我们也可以参加一些研讨会和演讲，这样就能获得听取经验的机会了。在听取经验的时候，不要听过了经验、往大脑输入了信息就结束了，一定还要自行运用案例研究法，设想如果我们自己面临那个处境会怎么做；如果将其应用到我们目前的实际状况中，能够获得什么启发。这些输出性的思考可以将知识融入我们的血肉。

✏ 我们应该记住那些有助于决策的"万能抽屉"

从记忆的观点来看，我们没有必要去记忆案例中的每一个数字和文字。最重要的是要往大脑中增加实践性的"万能抽屉"，比如在开展事业时可能会面临怎样的选择，有怎样的风险，怎样才能规避风险；在进行决策的时候，应该把怎样的材料作为自己的判断依据；等等。通过积累可以运用在实际业务中的经验，把看不见的知识积累起来；同时通过案例研究法这一模拟体验，记忆自己获得的实践经验。

无论自己读的是哪一本书，遇到的是哪一个案例，我们都要假设自己身处哈佛案例教学法的课堂上，表达出自己的思考和决策，从而把实践性的"万能抽屉"储存在大脑中。"记忆2.0"不仅仅是为了记住知识，更是为了以信息输出的形式将知识融入我们的血肉。案例研究法是一种非常有效的学习方法，即使我们不在商学院学习也可以进行自学，请大家一定要将这种案例研究法付诸实践。

要点　　通过多次模拟体验，记忆可以运用在实际业务中的知识。

让他人记住我们的
SNS输出型记忆术

提起记忆术，我们的脑海中往往会浮现出一些自己记忆东西时的画面。然而在商务场合中，最重要的是让别人记住我们。

如果我们能够让他人记住我们的长相、名字以及拥有的潜力，那在商务场合中，当对方想要商量事情、委托业务的时候，他们首先想到我们的可能性就会大大提高，从而能够促成商谈、达成共识。

如果我们清楚记忆的模式和原理，那么在让对方记住我们的时候，就会知道什么方法才是最有效的。正如前面章节中多次提到的那样，记忆的要点在于充分活用各种感官、搭配图像进行记忆，而且一段时间内要反复多次记忆。如果两个人每天都碰面说话，那双方自然能够记住对方的长相和名字。相反，如果一些同事和我们所属不同的组织，日常也没有什么交流，那就很难让他们记住我们。销售人员的一些做法也正是利用了这个原理，比如经常和自己认为重要的人、潜在的客户打交道等。

然而，现如今也出现了一种与以往不同的做法。这种做法能够满足我们让他人记住自己的需求，同时适应了时代的变化，即活用 SNS。

使用 LINE、Facebook、Twitter、Instagram 等 SNS 的人数与日俱增。日本总务省《平成二十九年 [2] 版信息通信白皮书》中的数据显示，截至 2016 年，在日本国内 SNS 的利用率中，LINE 占比 67.0%，Facebook 占比 32.3%，Twitter 占比 27.5%，Instagram 占比 20.5%。此外，SNS 的利用率还有一个显著特征——SNS 平台不同，用户所处的年龄层也会有所差异。从各自利用率最高的年龄层来看，LINE 的用户年龄层为 20 ~ 29 岁，占全部用户的 96.3%（在日本 20 ~ 29 岁的女性中，使用 LINE 的比例为 98.1%）；Facebook 的用户年龄层为 20 ~ 29 岁，占全部用户的 54.8%（在日本 20 ~ 29 岁的女性中，使用 Facebook 的比例为 59.4%）；Twitter 的用户年龄层为 10 ~ 19 岁，占全部用户的 61.4%（在日本 10 ~ 19 岁的女性中，使用 Twitter 的比例为 69.1%）；Instagram 的用户年龄层为 20 ~ 29 岁，占全部用户的 45.2%（在日本 20 ~ 29 岁的女性中，使用 Instagram 的比例为 56.6%）。

从整体的比例来看，各 SNS 平台在日本的平均利用率约为 30%；但从利用率最高的年龄层来看，在该年龄层中，一半以上的人群会使用各种 SNS 平台。从上述数据中我们可以清楚地看到，SNS 已是当代人相当重要的社交工具。而且从 10 ~ 29 岁年龄层的利用率最高这一点来看，我们可以预测到，随着时代的发展，这种倾向将会进一步增强。

---

[2] 日本平成二十九年指 2017 年。

现实的人际关系和 SNS 上的人际关系会有相当比例的重复，而且从 SNS 上的联系发展为现实关系的情况也不在少数。在这种时代变化下，利用记忆的特点，在 SNS 上进行会话和联络可以让更多人记住我们。

✏️ 把个人资料中的头像设置为自己脸部的照片

在记忆的过程中，充分利用各种感官和图像以及不断重复，是记忆的重中之重，所以在使用 SNS 进行信息输出时，我们也要意识到这一点。如果我们能在个人资料中加入自己脸部的照片，那他人就更容易记住我们了。

由于害羞和过于在意个人信息，很多日本人不会把自己脸部的照片设置为 SNS 个人资料的头像。明明应该上传自己的个人照片，但不知道为什么，很多人都会把头像设置成宠物、风景、喜欢的艺人和角色的照片。但是到了（日本）国外，情况则恰恰相反。大部分人会把自己脸部的照片或者与家人的合照设置为 SNS 个人资料的头像。

对于不想让别人知道自己，不想让别人记住自己，也不需要建立新的人际关系的人来说，随便选张图片作为头像这种做法无可厚非。**但如果我们想让别人记住自己，并且想要扩大社交圈，那最好把 SNS 个人资料的头像设置为我们自己的照片。**而且从连接真实印象这一点来看，在 SNS 上我们最好上传一些有趣的照片和视频。"インスタ映え"[3] 这个词语荣获了 2017 年 U-CAN 新语及流行语大奖年度大奖，在 SNS 上的人气也很高，这个词语告诉我们，那些给人留下深刻印象的照片才是好照片。当然，风景照片和食物照片都有各自的吸睛之处，但是在"让别人记住我们"这一点上，最有效的方法还是多上传一些包含自己脸部的照片。

此外，在记忆的时候，不断重复是必不可少的要素之一。在 SNS 上不要一年只发布几次动态，而是要一周发一回，如果机会合适，我们还可以提高发布的频率。**在现实生活中，即使两个人只见过一面，但如果互相交换了 SNS 账号，并且每个人都定期上传一些包含自己脸部的照片，那这个人的真实形象自然而然地就会留在对方的记忆中。**这样可以让对方记住自己，通过这种做法，我们可以很容易地把朋友关系保持下去，而且这种朋友关系说不定还会发展成商务伙伴关系。

14 年前我开通了个人博客，自那以后，我还陆续开通了 Twitter、Facebook、Instagram、LINE，几乎网罗了所有主流 SNS 社交平台。当我第一次见到自己博客的粉丝时，**对方和我说，因为总看我的博客，所以初次见面并未感到生疏**，这番话也让我产生了一种亲近感。也就是说，他记住了我这个人。

另外，因为我会在 SNS 上定期发布个人的情况和工作上的事情，所以在和曾经见过一面、但交换过 SNS 联系方式的人交流时，对方经常会谈论到相关话题。如果两个人只是见过

---

[3] "インスタ映え"是指在 Instagram 上发布的具有吸引力的照片，如使用了时尚元素或流行事物、好看又吸引人且镜头感十足的照片。

一次面，恐怕没隔多久就会忘记对方，但 SNS 会在这时起到一定的辅助记忆的功效。通过博客和 SNS 上信息的不断输出，我在工作中的进展也十分顺利。此外，我还在 SNS 社交平台上获得了出版书籍的一些渠道。

我们不要毫无目的地使用 SNS，要多多应用记忆术，在实践中进行信息输出。从长期来看，SNS 也会成为与工作成果直接相关的重要工具。

要点　如果你想要建立新的人际关系，就把 SNS 的头像设置为自己脸部的照片吧！

037

顺应时代潮流的输出型记忆术："记忆2.0"的超级总结

我们可以把将记忆术应用到商务场合的"记忆2.0"称为高效输出实践型记忆术。随着技术的不断创新，信息的保存、积累、传播和检索都变得异常方便。在信息化的时代浪潮中，比起输入信息，输出信息无疑更具有价值。记忆本身的重要性并未发生改变，但现如今，记忆术并不只是为了向大脑输入信息，实践型的信息输出才更加符合时代的变化。

很多人认为自己不擅长信息输出，这是因为学校的课程基本上都是要求学生们积累知识，进行信息的输入，只有在考试时才会对积累的知识进行反复的考查。学校没有给学生提供在公众面前演讲和汇报以及思考问题的解决方案的机会，所以学生们完全没有机会进行信息的输出。

另外，在商务场合中，大部分企业都会对新人进行在职培训，但并未系统地教授提高信息输出质量的战略性方法。企业的方针是，新入职员工不用去商学院等专业学校进行学习，他们可以在熟悉业务的同时进行记忆性学习。如果在社会发展速度较慢、仅靠模仿上司和前辈的做法就能取得成果的时代，这种做法未尝不可。但是，当今时代社会发展速度越来越快，仅靠在熟悉业务的同时进行记忆性学习的方法已经行不通了。只有在商务场合中试着运用一些确实能取得成果的信息输出方法，以及一些能够将记忆术应用到职场中的具体方法，我们才能有底气、有能力应对时代的变化。

在重复进行信息的输入和输出时，我们要不断提高信息的质量，增加实践的机会，不断运用适宜的记忆方法。如果想要在飞速变化的商务场合中取得成果，这些做法都是非常必要的。迄今为止，很多商业人士都在实践着阅读书籍、浏览网页信息等输入型记忆术，但很少有人会对输入大脑的知识进行切实地输出。事实上，以输出为前提进行输入的记忆术才是提高信息输入质量的关键。我们可以在通过读书往大脑中输入信息后，以写书评的方式进行输出。写完书评并不意味着结束，我们还可以把文章上传到博客上，公开发表自己的书评。通过这些做法，积累下来的智慧将成为独属于我们个人的数据库，不仅方便我们检索信息，还可以让我们受到他人的关注，从而建立商务关系。

在进行自我介绍、工作介绍、演讲和汇报的时候，如果只是漫无目的地完成任务，那么介绍完也就结束了。但如果在这个过程中，我们能好好地实践一下输出型记忆术，就可以切实地提高工作成绩。此外，我们还可以把这些输出信息的机会定位为促进自我成长的机会，在运用记忆术的同时不断进行循环式输入和输出，不断扩充自己的知识储备，这些知识储备也正是能够应对时代变化的独创性见解。在实践的过程中，我把信息输入和输出的循环固定成为一种记忆方法，然而截至目前，日本的学校和公司都未引进这种方法。

运用记忆术，不断进行循环式的输入和输出，持续扩充自己的知识储备和实践性知识，进而在商务领域中取得成果——这就是"记忆2.0"的精髓。

输入　　　　　　　　　输出

第 3 部分 "记忆 3.0"

助你实现梦想的
超强长期记忆术

038

记忆的终极目标
——丰富人生、实现梦想

　　说起记忆的目标，大家第一个想到的肯定是在考试中取得好成绩。当然，只有在考试中取得了好成绩，我们才能去往自己心仪的大学，通过资格考试，从事自己理想的工作。所以我们可以认为，记忆的最终目标在于实现梦想。

　　在"记忆1.0"中，我总结了一些可以在考试和外语学习方面取得成效的记忆方法。这些记忆方法也正是人们一般印象中的记忆方法，它的记忆成效能够快速、直接地反映在简单易懂的数字上，比如考试的成绩等方面。这一类的记忆方法也被称为"输入型记忆术"——让接收到的信息作为知识储备储存在大脑中。"记忆1.0"可以帮助大家切实地提升考试成绩，通过资格考试，不断达成自己的目标，能够督促大家为实现目标而不断前进。

　　"记忆2.0"主要是运用在商务场合等工作场合中的记忆方法。在第2部分中我介绍的并非传统意义上的记忆方法，而是一些通过记忆，在自我介绍或工作介绍、演讲或汇报、思考方案以及做出决策等情形下取得实践性成果的记忆方法。此外，我还介绍了如何有效地积累商务上的必要知识，如何在实践活动中使用自己的"万能抽屉",以及如何灵活使用符合时代潮流的博客和 SNS 等。从能在商务场合中实践并且活用自己所积累的知识这个意义上来讲,这些方法都可以被称作"输出型记忆术"。迄今为止,大家一直忽视了这些领域的记忆方法,因为它们不像考试一样能够以易于评估的数字指标来衡量记忆效果。但是,在商务场合的实际应用中,记忆成效会直接体现在他人对自己的评价和自己的工作成果上,比如上司以及客户对自己的评价有所提高、自己的销售业绩和工资得到了提升等。从最终结果来看,"记忆 2.0"是能够帮助我们实现梦想的强大力量,不断努力付出后,我们就能够从事自己喜欢的职业,并且能够完成自己想要实现的目标。

我认为,记忆的终极目标在于丰富人生以及实现梦想。**也许大多数人的印象都局限于记忆就是短时间内完成的任务,考试取得好成绩后就意味着可以告一段落了,实则不然,记忆是一件需要长期坚持的事情。**只有长期高效地运用记忆术,我们才能让自己的人生更加丰富多彩,才能最终实现自己的梦想。因此,我们必须将短时间内见效、以通过考试为目的的输入型记忆术"记忆 1.0"与以在商务场合取得成效为目的的输出型记忆术"记忆 2.0"相结合,并且进行长期的实践运用。在本书中,我称这一部分的内容为"记忆 3.0"。

在前言部分我说过,"不把记忆当回事的人想必还是会因为记忆这件事而'泪流满面'""过于相信传统意义上的记忆的人想必也会因为过分看重记忆而'涕泗横流'"。随着科学技术的发展，时代也在发生着日新月异的变化。有些人觉得既然时代瞬息万变，那就没有必要进行记忆了，所以这些人不会再去运用"记忆1.0"中的记忆方法，他们所说的记忆也只是停留在嘴边而已。事实上，不再需要考试、不再需要考证、不再需要学习外语的时代离我们还有相当远的距离。即使社会发展的速度再快，不再需要考试、考证和学习外语的时代也不会马上到来。所以我们需要着眼于现实，顺利通过不得不面对的考试，将必须掌握的知识储存进大脑，达到不用查阅资料就能脱口而出的程度，这些都是"记忆1.0"中的要求。

如今，单纯看重考试分数的时代已经过去。如果过分相信传统意义上的记忆能力，不再向自己的大脑输入最新的信息，到了工作场合中肯定也无法做到游刃有余，至于实现梦想也只是痴心妄想罢了。所以，我希望大家能够好好运用"记忆2.0"，这样才能以更贴合时代的形式在商务场合中大放异彩，在关键时刻展现出自己的能力。

"记忆3.0"结合了"记忆1.0"和"记忆2.0"的相关内容，可谓超强记忆术，只有大家长期坚持实践，才能最终获得丰富人生、实现梦想的效果。此外，有一些记忆术虽然无法在短期内见效，但从长期来看无疑会发挥出巨大的效果。在本书的第3部分，我会向大家介绍一些需要长期实践的记忆术"记忆3.0"，帮助大家实现自己的梦想。

要点

长期记忆术"记忆 3.0"结合了"记忆 1.0"和"记忆 2.0"的相关方法，好好运用记忆术，早日圆梦吧！

完整记忆
世界伟人传

在"记忆 1.0"中，我介绍过结合图像进行记忆的漫画记忆术，在那一小节我也介绍了自己的真实经历。我曾经翻来覆去读了很多遍日本历史系列的漫画书，最后差不多记住了书中的所有内容。所以当我们要学习历史人物和历史事件时，阅读学习漫画书会是一个十分不错的选择，不仅对记忆十分有帮助，而且有其他更为重要的作用。学习漫画书能够帮助我们将一些对人生有长期影响作用的人生道理、人生经验刻进大脑，尤其是那些**以伟人的一生为焦点进行刻画的传记漫画书**，它们**可谓浓缩了丰富人生经验的顶级教材**。

我上小学、初中的时候，不仅喜欢阅读日本历史系列漫画书，还经常翻阅一些刻画了日本以及世界历史人物一生经历的传记漫画书。我差不多把那些传记漫画书中的内容全部记了下来，至今还能回忆起来。

有一本书介绍的是海伦·凯勒，虽然她在视觉和听觉上有些障碍，但她比一般人更加努力，大学毕业后她活跃于教育领域和一些社会活动中。还有一个关于海伦·凯勒的故事。她的耳朵听不见声音的美妙，眼睛也看不见这个世界的斑斓，她甚至都不知道每个东西都是有名字的。当家庭教师莎莉文老师把水倒进她的手掌，然后马上在她的手心里拼写了"water"这个单词时，那一刻海伦全身仿佛有电流流过，她知道了自己手心触摸到的这个清凉的东西就是水，她也明白了原来所有事物都是有名字的。这个小故事给我的印象非常深刻，深深地印到了我的脑海中。

海伦·凯勒不管遇到怎样的艰难险阻都会迎难而上，坚强地成长着，她的家庭教师莎莉文老师也丝毫没有放弃身体有残疾的海伦，孜孜不倦地教给了她很多知识，这一切对我的人生观和教育观都产生了极大的影响。

此外，活跃于幕府末期的坂本龙马幼年时期十分爱哭鼻子，长大后他渐渐在剑术上崭露头角，脱藩后结识了胜海舟等各种人物，开阔了眼界，并成功促成萨摩藩和长州藩结成萨长同盟[1]，掀起了大政奉还的浪潮。坂本龙马的人生经历至今仍牢牢地记在我的脑海中。

那些铭刻在脑海中的伟人一生的经历，对我们来说是非常有营养的精神食粮。那些故事会在我们的心中留下深深的烙印，在我们面临困难时，激励我们保持积极向上的态度，永不言弃，直到找到解决之策。那些故事就是鼓舞我们不断努力的力量源泉，让我们相信只要不停下追梦的脚步，最终一定能实现梦想。

有时候，历史上伟人们的言行也会在现实中给予我们一定

---

[1] 萨长同盟是指日本江户幕府时代末期的 1866 年（日本庆应二年），在萨摩藩与长州藩间缔结的政治、军事性同盟。

的启发。比如，在实际工作中，我们可以尝试一下萨长同盟的策略，以其为模版，找出自己与竞争对手之间的相同点，通过合作来推动事态的发展。也就是说，**我们可以把历史人物的行为作为案例进行研究，以便帮助自己做出决策，想出方案。**

"记忆1.0"面向的是学习，主要目的是为了通过社会学科考试；"记忆2.0"则是面向商务场合，目的是在实践中发挥作用；到了"记忆3.0"，则进化为面向整个人生，我期望这一部分的内容能够在整个人生旅途中为大家长期提供支持。

传记漫画书对孩子们来说十分通俗易懂，孩子们在阅读时可以把知识与图像结合起来，这是一种最为理想的记忆方法。其实，大人们读起传记漫画书来也可以享受到其中的乐趣。除了漫画，我们还可以阅读一些自传、传记以及其他介绍伟人一生的相关书籍。把伟人们一生的经历记忆下来，并将其融入自己的思考方式中，这样我们就可以近距离感受伟人的生活方式了。我从小就开始阅读传记漫画书，之后也一直都在运用这种记忆方法，不知不觉中这种记忆方法已经对我的整个人生产生了长期的影响。我现在也经常读一些人物评传之类的书籍，其中包括历史人物以及当代成功者等。如果我喜欢某一位人物，我就会把他的传记来来回回地读上很多遍，最后甚至都能把他一生的经历完整地刻到脑海中。

　　记忆术的效果绝对不仅限于通过考试这样的短期效果。如果我们能够有意识地运用记忆术勾画整个人生，那记忆术就能长期发挥效果，最终帮助我们实现梦想。

要点　实现远大目标的第一步——将伟人一生的经历印入脑海，并将其融入自己的思考方式中！

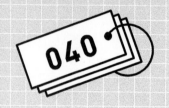

记忆座右铭，
赋予人生以力量

记忆伟人一生的经历，说起来容易做起来难。那些储存在我们脑海中的关于伟人一声的记忆，因为无法经常性地被运用在考试和商务场合中，所以在整个日常生活中的使用率十分低，不知不觉中可能就被遗忘了。但是，当我们面临困难时，为人生的抉择而烦恼时，伟人一生的经历很可能会给我们的人生带来积极的影响。在这种情形下，**为了能够回忆起伟人的一生，让他们的经历为我们的人生带来启示，最好的方法就是记忆一些短句——"座右铭"。**

比如，我十分崇拜长州藩 [2] 出身的高杉晋作，他是一位活跃于幕府末期的人物。高杉的一首俳句 [3] 中有一句十分出名的话："让这个无趣的世界变得有趣吧。"这句话很好地概括了高杉晋作的一生。江户末期，高杉晋作面对德川幕府的长期统治高高举起了反旗，他创设了奇兵队，并带领队伍投身于长州藩的倒幕活动中。与此同时，他极大地享受着自己短暂的一生。对我来说，高杉晋作是我尊崇的人物之一，他的这句名言也是

---

[2] 日本江户幕府时期的一个藩。
[3] 日本的一种古典短诗，由中国的绝句经日本化发展而来。

我的座右铭之一。高杉晋作的一生和他的"让这个无趣的世界变得有趣吧"这句话中所富含的灵感，都是激励我前进的人生力量。当我烦恼的时候，会把这些灵感作为自己的行动指南；当我顾虑太多、行动越来越保守的时候，这句话就会促使我重新考虑，大胆创新，保持轻松的心态。

在我的人生中，我把教育作为自己的钻研方向。但我认为单方面灌输知识的传统教育无法开辟新的时代，我们必须让学习者本人能够根据自己的意愿来快乐地学习，所以我经常会提及"edutainment（寓教于乐型产品）"这个词语。

"edutainment"这个词语整合了"education（教育）"和"entertainment（娱乐）"这两部分含义，由此我撰写出版了《漫画学习法》等书。其实，写作这些书都是我从"让这个无趣的世界变得有趣吧"这句座右铭中获得的灵感。当然了，座右铭不必局限于历史人物的名言警句，那些可以成为座右铭的句子既可以来自当今社会中有影响力的人物，也可以来自父母或是身边其他值得尊敬的人物。我们甚至还可以把自己喜欢的歌曲的歌词当作座右铭，这个句子既然来自喜欢的歌曲，那印象肯定会很深刻。接下来，就请你把记下来的某句话当作自己的座右铭吧，让这句座右铭赋予你充沛的人生力量，激励自己不断前行。

比如，我很喜欢 The Blue Hearts 这个乐队，我几乎会唱他们所有的歌曲。当我烦恼忧愁的时候，这个乐队的每一首歌都会给我带来启迪，而且每一首歌都是我人生中不可或缺的精神食粮。如果只是趁着流行，跟风听听自己比较感兴趣的歌曲，听过之后就翻篇儿，那没有任何意义。而如果能把自己喜欢的歌曲的歌词当作座右铭记忆下来，在关键时刻作为人生启迪加以应用，那么这首歌将会成为帮助你丰富人生、实现梦想的力量。

在漫长的人生旅途中，我们经常会忘记各种各样的信息和知识。但无论我们的人生发生什么，我们都不会忘记自己的座右铭。当自己陷入困境的时候，当自己烦恼痛苦的时候，座右铭能给予我们力量。此外，座右铭还能在很大程度上影响我们的人生，带领我们走向成功，最终实现梦想。危急情况下应当如何处理？遭受失败和挫折时应当如何应对？座右铭在这些情况下会给我们带来各种各样的启示。

求知若饥，虚心若愚。

——史蒂夫·乔布斯

让这个无趣的世界变得有趣吧。

——高杉晋作

绝不能失去神圣的好奇心。

——阿尔伯特·爱因斯坦

凡事为皆成，不为则不成，事之不成在于人之不为。

——上杉鹰山

不要为了做特别的事情而做特别的事情，做特别的事情时才应该像平常一样做那些理所应当的事情。

——铃木一朗

"记忆 3.0"中的座右铭无法像考试分数那样立马为你呈现出记忆效果，但在你的整个人生中，座右铭也许会为你带来命运的救赎。上页中有我推荐的一些名言，大家选择座右铭时可以将那些句子作为参考。

 **要点** 　去寻找能够给予自己一生力量的座右铭吧！请时刻将座右铭牢记于心！

041

记忆成功案例，
帮你做出最棒的决策

学习"记忆 1.0"主要是为了通过考试，"记忆 2.0"主要是应用在商务场合，而"记忆 3.0"则融合了两者的精髓，它在我们人生的各个阶段中都能发挥巨大的作用。

在"记忆 1.0"中，我和大家分享了我备考时的经验——反复精读、分析那些成功考上东京大学的经验录，确定好适合自己的记忆策略。在"记忆 2.0"中，我给大家介绍了通过研究案例来增加自己知识储备的方法，将自己带入到某些历史上已经出现过的情景中，思考如果自己是当事人会如何处理，从一些成功案例中进行学习，进而有效地输出自己的意见。这些做法十分有助于扩充我们的"万能抽屉"，以便我们能够在思考方案和做决策时随取随用。其实，我给大家介绍的这两种方法的宗旨是一致的，都是在彻底吸取成功案例中的有效经验后，将其融入自己的思考方式中。

"记忆 1.0"是在有明确目标的情况下研读成功案例，"记忆 2.0"是为了应对人生中必将出现的困难和问题而提前进行学习。反复研读成功案例的学习方法也正是"记忆 3.0"的核心所在，这种方法会在我们整个人生中长期发挥作用。通过阅读传记来了解伟人一生的经历，记忆一些能够激励自我的座右铭，这些做法都是在把成功案例融入自己的思考之中。**成功的案例会给我们带来挑战自我的勇气和力量，同时也会指导我们的行动。**

如果成功案例中的行动目的和自己的目的一致，那我们就可以获悉既具体又现实的处理策略，也会明确哪个阶段应该注意怎样的事情，以及如何处理才能保证事情顺利进行。另外，即使成功案例中的目标、领域与自己不同，我们也能够从成功案例中获得一些启示。如果我们的目标能与成功事例发生某些化学反应，这样反而更能够促使我们萌生出独具创造性的想法。成功案例能够引导我们对理论以及理论之外的世界进行思考，从而让我们拥有能够在现实中创造出新想法的能力。

比如，我们可以多阅读一些与商务相关的书籍或是一些经营学理论方面的教科书。此外，如果还能多读一些成功商务人士的真实经验录，那我们就能获得一些更为真实的启迪。彻底并且反复阅读一些自己尊敬的人物的经验录，或是一些自己憧憬的企业的成功案例，直至最终能够将所有故事全部记忆下来，这样我们就能够在自己的脑海中构建各种各样的场面，并且在该场面下模拟自己的行动。

但是，这里还需要注意一点，在读书时不要持有一种被动阅读书籍的姿态，我们要怀有一种要把比自己先成功的人的真实事例全部占为己有的强烈想法，反复阅读，直到能够将书中的内容记忆下来。此外，在阅读时不要仅仅停留在浏览上，我们还可以像"记忆 2.0"中介绍的那样，在博客上写写书评，做一下信息输出。通过信息输出，我们能够将成功案例长期储存在自己的"万能抽屉"中，这样才能在关键时刻随时拿来应用。

 ## 成功案例也可以成为演讲中的调味剂

我在演讲和做汇报时，经常会引用一些成功案例，我还会把成功者的名言警句和事迹作为阐述个人意见时的理论支撑。这种做法会为演讲和汇报添色增味，在给他人留下深刻印象的同时，还会让自己的阐述更具说服力。

当我们面临人生的挑战时，成功案例的"万能抽屉"会在关键时刻给我们提供有用的提示和有力的支持。记忆成功的案例越多，我们就越会有一种强烈的"输入感"，在思考决策时就会更加充满自信，更加勇往直前。

要
点　　　成功案例会是我们做决策时超强有力的伙伴。

042

每年读一遍"案头书"，
将胜利模式铭记于心

如果一本书给你带来了特别的勇气或是众多启发，那这本书就是你的"案头书"了，你应该感谢与它的相遇，并应该将这本书珍藏一生。

近来大家都在关注泛读和速读，这两种阅读方式确实能够帮助大家丰富关键词和知识储备。但反复精读一本书，直至能够背诵，其实也是非常重要的。我在前面的章节中讲过，记忆座右铭能给自己的人生带来极大的力量。如果想要更进一步，**我们可以选择记忆一些案头书。书中往往会包含更多的信息，通过阅读这些书，我们能够将自己带入到更加具体的故事中以加深体会，从而产生更好的激励效果。**此外，通过阅读案头书，我们还可以坚定自己的人生信念，找回追梦的初心。

人生就是一场持久战。在人生旅途中，我们所处的社会一直发生着翻天复地的变化。时代变迁的速度不断加快，我们必须获取的信息也在不断更新换代。人的大脑往往在输入新的信息后就会遗忘一些旧的信息。同时，由于每天忙碌的生活，我们真正珍惜的东西也会在不经意间慢慢离我们而去，当我们察觉时为时已晚。

✏ 针对一本书进行重复阅读

正是因为时代日新月异，我们才更有必要回归到人生的中轴线和指示罗盘上。我建议大家**每年读一遍自己的案头书**。比如，在寒假中制订新年目标的时候，大家一定要重新翻阅一遍自己的案头书。这样，我们所定的目标才不只是执着于"眼前的苟且"，而是会变得更加具体、更加强大，与整个人生的梦想紧密相连。

当你直面困难或为决断而烦恼的时候，当你刚刚因为跳槽或人事调动等原因进入新环境的时候，可以读一读你的案头书，这样你就可以回归到自己的人生中轴线上。根据阅读的时机以及自身所处状况的不同，你每读一遍不仅会获得新的发现，甚至还会得到如何面对当下所处状况的具体提示。

每年读读案头书，不知不觉中书中的内容就会印到脑子里，而且书中的内容也会在记忆中变得有血有肉。如果熟读到这种程度，那当我们烦恼抑或是痛苦的时候，案头书中的文字和故事就会自然而然地浮现在我们的脑海中。在工作场合中，当我们需要一些提示并回忆起案头书中的某一页里应该有类似的场景时，那么当我们再次读过那一部分的文字后，可能就会迸发出灵感。也就是说，此时我们的头脑中已经形成了"这种时候应该这样做"的胜利模式，我们也已经具备了克服任何艰难险阻的力量。

很多人会为了获取最新的知识和信息而去阅读大量的书籍，然而很少会有人反复阅读某一本书。"记忆3.0"这门记忆术能够让大家像持久战一般的人生更加丰富，最终帮助大家实现自己的梦想，而在长期记忆术中持久发挥效果的就是长期、多次的重复。所以即使是同一本书，每年读上一遍，在整个人生阶段中将这个习惯坚持10年、20年，那样我们就能够实现案头书中所写的绝大部分内容了。

要点 寻找自己的案头书，在实现梦想的路上，把那本书当作自己"一辈子的朋友"吧！

记忆人生50年计划
以及5年计划

在日常生活中我经常会强调一件事情——为了实现自己的梦想，我们要制订好人生的 50 年计划。这是因为我受到了软银集团的缔造者孙正义先生的影响。

年轻的时候，孙正义先生就思考并制订了自己的"人生50 年计划"——20 多岁时，提升自己的名气；30 多岁时，最少存 1000 亿日元的创业资金；40 多岁时，在商场上一决胜负；50 多岁时，完成自己的事业；60 多岁时，将事业传给接班人。在实际的人生中，他十几岁的时候就远赴美国留学，20 多岁时开始创业，30 多岁的时候就让软银得到了蓬勃发展，40 岁前与美国雅虎合资成立了雅虎股份有限公司，到了 40 多岁的时候开始进军手机行业，50 多岁的时候在取得日本最先独家销售苹果手机的资格上取得了巨大成功，同时开始积极推进海外企业的收购项目。现在软银的市价总值为 87000 亿日元（数据截至 2018 年 6 月 27 日），在日本企业中仅次于丰田、NTT（日本电报电话公司）、NTT DOCOMO（日本最大的移动通信运营商）和三菱日联银行，位居第 5 名。

如果初期孙正义先生没有在脑海中勾绘出人生 50 年计划

的蓝图，没有把这幅蓝图牢牢记在脑海里，或许就不会有现在的软银集团了。

✏️ 一瞬间回忆不起来的计划就是无法实现的计划

孙正义先生的案例也许太过于宏大，这里只是作为一个例子。**我们可以根据实际情况制订自己的人生 50 年计划，并将这个计划输入大脑，牢牢记忆下来，这也是我们实现梦想的重要一步。**

如果无论何时何地都可以不参考笔记、把自己的人生 50 年计划讲述给别人听，那我们就可以认为这个计划已经是个十分明确、清晰的理想了。相反，**如果不看写在纸上的笔记就想不起来自己制订了一个怎样的计划，那我们可以认为这个计划基本上是无法实现的。**

在漫漫人生中，在世事日新月异的时代背景下，针对遥远的未来制订详细的计划其实没有任何意义。尽管如此，如果对未来没有憧憬与期待，人也就没有了梦想，在整个人生中可能就会随波逐流、失去自我。所以，哪怕暂且只是粗略地规划，也要明确地划分出人生的跨度，制订好自己的人生 50 年计划。我们可以把计划写在纸上，熟读记忆直到能够背诵出来。这里所说的计划并非纸上谈兵，我们应该把这个计划当成自己的信念与人生指南。

此外，我还想给大家推荐的是制订更为细致、更为具体的中期计划，并把中期计划记忆下来。中期计划可以是 3 年计划或是 5 年计划，时间设定上最长不要超过 7 年。思考一下自己在保持现在的位置、角色以及工作单位的期间内想要完成哪些事情，将这些事情写下来，做一个中期计划。详细的做法是：一边实施计划中的内容，一边按照 PDCA 循环[4] 调整计划，同时明确 3～7 年内的目标和为达成目标每年应有的发展以及应该做出的努力。针对这个中期计划，如果不看事业计划书就想不起来计划的内容，那就说明这个计划终究不会达成。只有达到不看计划书也能说出来的程度，这个计划才会成为我们认真实现梦想时的指针。并非只有个人才需要中期计划，公司其实也会制订 3～7 年的中期计划。只要大家能够将自己计划的内容牢牢记到脑子里，一步一个脚印地发展，你也许就会成为公司里的核心人物。

我在这本书中最想推荐的是制订自己人生的 5 年计划，并将计划记忆下来。我们的人生属于自己，他人不会为我们制订人生计划。如果我们能够明确制订出追梦之路的 50 年计划以及将其具体化的 5 年计划，并将这些计划印入脑海中，那么我相信，在计划实施期间，实现大部分目标的可能性将会大大提升。说到底，"记忆 3.0"的主要内容就是将记忆能力应用于实现人生梦想。

---

[4] PDCA 循环的含义是将质量管理分为 4 个阶段，即计划（plan）、执行（do）、检查（check）、处理（act）。

要点

不仅要制订计划，还要将其牢牢印入自己的脑海中，提高计划实现的可能性！

044

坚定信念，实现梦想：
"记忆3.0"的超级总结

铃木一朗说过："不要为了做特别的事情而做特别的事情，做特别的事情时才应该像平常一样做那些理所应当的事情。"

本书中所介绍的记忆术也绝非什么神奇的魔法。

"记忆1.0"是一些短期记忆术，旨在帮助大家通过考试、掌握外语、尽可能有效并且快乐地记忆。即便如此，踏踏实实、反复练习也是一个不可或缺的环节，事实也是如此。在记忆的时候，坚持做那些理所应当的事情，有所付出才会有所收获，从而才能取得成果，比如通过考试、取得特别好的成绩。

"记忆2.0"这一部分的记忆术，是将学习方法"记忆1.0"中所培养的能力应用到商务等实践场合中。这些记忆术不仅包括记忆知识的输入型记忆术，还包括将记忆的内容输出到外部、在商务等场合中进行实践应用的输出型记忆术，即通过记忆，在高效进行自我介绍或工作介绍、演讲或汇报、思考方案以及做出决策等情形下取得实践性成果的方法。到目前为止，大家并没有意识到商业领域的事情也会涉及记忆术，但随着时代的变迁，其重要性会得到加强。想在商业领域取得成果，这些记忆术就是最为基础的，也是最为理所应当的。虽然很容易被忽视，但在商务场合实践时，记忆成效会直接体现在他人的评价和自己的工作成果上，比如上司以及客户对自己的评价有所提高，自己的销售业绩和工资得到了提升等。从最终的结果来看，"记忆 2.0"能够帮助我们完成想做的工作和想实现的梦想，在追梦路上将会给予我们很大的助力。

"记忆 3.0"的主旨在于，在一生中长期坚持去做那些理所应当的事情。利用"记忆 1.0"中的记忆术，我们可以在必须之时通过一些具体的考试；利用"记忆 2.0"中的记忆术，我们可以在商务活动中不断收获成果。活用记忆术，不断重复进行信息的输入和输出，我们就能够增加方便自己长期利用的"万能抽屉"的储备，也能够拓宽自己的知识面，并将这些用于实践中。在漫长的一生中，当我们想要实现梦想和目标时，也可以活用这些记忆术。人生漫漫，面临各种各样的困难在所难免，有时我们也会因为觉得麻烦而产生放弃的念头，抑或是忘记自己的目标。此时，我们应该回忆起给予自己力量的名言警句、伟人的故事以及自己的追梦计划，然后义无反顾地前行。铭刻在脑海中的记忆会充分融入我们的血肉，从而持续影响我们的一生。

最后我想说的是，在追梦路上我们要时时刻刻铭记自己的梦想。为了实现梦想，我们要牢牢记住那些必须要做的事情，让其在脑海中深深扎根。人的大脑总是会忘记一些自己觉得没有必要的事情，对于真正重要的事情却会铭记一生。想想对自己来说真正重要的事情是什么，想清楚后下意识地在实践中进行信息的输入和输出，让自己的人生变得更加丰富，让自己的梦想得以成真吧！

　　实践"超强记忆术"，尽情实现你的梦想吧！

后 记

活用"超强记忆术"，实现目标与梦想

我有 5 个孩子，说起孩子们的领悟能力，简直是令人吃惊。明明不久前还只会说"啊——"或者"喔——"，但在不知不觉中就学会了说话，甚至在探索世界的过程中成了自己喜欢的领域中的"小专家"。在生活中，我深切地感受到孩子简直就是记忆的天才。

我的大儿子非常喜欢生物。在他小的时候，我和他一起去公园玩耍，他一到公园就会去寻找昆虫。不管是发现了西瓜虫、金龟子还是蚯蚓，他都会特别兴奋。我给他买了很多各种各样的有关昆虫、鱼类或是鸟类的光盘，每张光盘他都会反复看上好几遍。3 岁的时候，虽然他还不识字，但已经记住了光盘上所讲的知识。而且只要我一给他买这一方面的图鉴，他就会主动开始阅读，甚至连一些我从未听说过的物种的名字和特征，他都能在不知不觉中记得一清二楚。他读的那些生物类图书，大人们读了都会觉得晦涩难懂，现在刚上四年级的他已经在钻研博士才会涉及的知识了。在学校的时候，大儿子得到了一个能在全班同学面前演讲一分钟的机会。他演讲的内容也是有关生物特征的知识，此外，还包括驱除外来物种、保护固有物种的方法。在演讲前，他仔细地思考了演讲的内容，把自己的想法写在了笔记本上，反复练习后在学校里进行了演讲。

虽然我的 5 个孩子每个人的性格不甚相同，喜欢的事物也大相径庭，但他们有一个共同点：都会反复记忆自己感兴趣的东西。

孩子们都是记忆的天才，但我们每个人也都曾经是个孩子。**人虽是健忘的生物，但与此同时，世间的每一个人都被赋予了记忆的能力。**我认为，一个人只有彻底展现他的才华，他的人生才会变得更加丰富多彩，才能够在追梦的路上不断前行。

说起记忆术，人们会觉得：这不都是些早就让人说烂了、嚼碎了的话题吗？人们可能会觉得，随着技术的发展进步和时代的变迁，记忆这个话题已经太过陈旧，没有再提起的必要了。然而事实上，**即使要记忆的内容以及记忆的方法在随着时代的变化而变化，但记忆能力永远都不能缺席，只有那些能够有效利用记忆能力的人才能获得最丰富的人生。**

我自己就是通过运用这本书中所总结的记忆方法，成功考上了东京大学的本科和哈佛大学的研究生，同时在商务领域我也取得了一些成果。只有不断实现自己的目标，朝着梦想的方向勇往直前，人生才会变得更加多姿多彩。当看到担负着社会未来的孩子们的身影时，我真实地感到，比起记忆的内容本身，只有拥有记忆的能力、掌握记忆的方法，才能为自己开拓辉煌的人生。

在这本书中，我把至今为止人们经常提及的用于通过考试、学习外语的输入型记忆术定义为"记忆 1.0"，并在书中做了具体的介绍，任何人都可以马上动手尝试。另外，我还提出了输出型记忆术"记忆 2.0"这一新概念，该记忆术可以应用于商业领域。此外，如果在长时间内将"记忆1.0"和"记忆2.0"结合起来运用，融会贯通，就能得出"记忆3.0"这一超强长期记忆术，它将会成为助你实现梦想的强大力量。

对于这本书，大家千万不要读过一遍后就将它束之高阁，让它在书橱中静静积灰。本书介绍了可以短期、中期以及长期实践的记忆方法，希望大家能够结合自己的阅读目的进行合理的运用，每隔一段时间后还可以反复阅读。我希望这本书能够成为符合新时代要求的"记忆术圣经"，也希望它能够在诸位读者经历各种人生场面、实现梦想时助大家一臂之力。

最后，我希望借此机会对与我一起思考写作思路、帮我编辑书稿的大和书房的大野洋平先生以及代理公司的栂井理惠女士表示由衷的感谢。另外，我还想感谢给予我很多记忆术启发的记忆小天才——我的5个孩子，以及孩子们最好的老师——一直支持我、照顾我的妻子。我也希望近期孩子们能够读到这本书，并将记忆术付诸实践。

这本书并非读过一遍就算大功告成。这本书的真正意义在于实践，只要你将书中的方法用于实践，你就一定能够发挥出它的效果。学习也好，商务实践也罢，最终都一定会让你见证奇迹。

那么，请迈出你的第一步吧！哪怕只是小小的一步，让自己真正感受一下记忆术的效果吧。我期待读过此书的每一位读者最终都能够实现自己的梦想。

本山胜宽